有机化学学习指导

东南大学出版社
SOUTHEAST UNIVERSITY PRESS
·南京·

图书在版编目(CIP)数据

有机化学学习指导 / 姜慧君，张振琴主编. — 南京：东南大学出版社，2016.7（2022.1 重印）

ISBN 978-7-5641-6593-2

Ⅰ. ①有… Ⅱ. ①姜… ②张… Ⅲ. ①有机化学-高等学校-教学参考资料 Ⅳ. ①062

中国版本图书馆 CIP 数据核字(2016)第 142607 号

有机化学学习指导

主　　编	姜慧君　张振琴
责任编辑	陈潇潇
编辑邮箱	380542208@qq.com
出版发行	东南大学出版社
出 版 人	江建中
社　　址	南京市四牌楼 2 号(邮编:210096)
网　　址	http://www.seupress.com
电子邮箱	press@seupress.com
印　　刷	南京玉河印刷厂
开　　本	787mm×1092mm　1/16
印　　张	7.25
字　　数	250 千字
版　　次	2016 年 7 月第 1 版　2022 年 1 月第 4 次印刷
书　　号	ISBN　978－7－5641－6593－2
定　　价	20.00 元
经　　销	全国各地新华书店
发行热线	025－83790519　83791830

(本社图书若有印装质量问题，请直接与营销部联系，电话:025－83791830)

《有机化学学习指导》

编委会

主　编：姜慧君　张振琴

编　委（按姓氏笔画为序）：

朱　荔　何广武　张振琴　居一春　姜慧君

前　言

有机化学是医学专业一门重要的基础课，多年的教学经验告诉我们，学生对有机化学课程的理解并不困难，但对于所学知识的灵活运用常会遇到问题。多做习题、掌握解题技巧和解题思路是掌握和巩固有机化学知识、解决这一问题的有效方法之一。

本书是以我国现行医学院校使用的《有机化学》教材体系为依据，结合临床医学、儿科、检验、病理、预防等专业特点而编写的。全书共16章：绪论，烷烃和环烷烃，烯烃和炔烃，芳香烃，卤代烃，立体化学，醇、酚、醚，醛、酮、醌，羧酸与取代羧酸，羧酸衍生物，胺和生物碱，杂环化合物，糖类，脂类，氨基酸、多肽和蛋白质，核酸。每章内容分为三个部分：第一部分为小结，主要对有机化学内容进行简明扼要的叙述和归纳；第二部分为习题，包括选择题、命名题、反应题和推断题，题型多样，内容丰富，有助于学生开阔思路，提高解决实际问题的能力；第三部分为习题参考答案。本书还提供了期中测试和三套综合测试，有利于学生在学习的不同阶段进行自我测试。

本书作为一本指导性参考书，所收集的习题面比较广，部分习题有一定的难度，不仅适用于五年制医学各专业，也适用于“5＋3”一体化医学专业，各专业的学生可根据情况作相应的取舍。

虽然编者对本书做了大量工作，但由于水平有限，书中难免有疏漏和不妥之处，望同行和广大读者不吝赐教。

编　者

2016年2月

前言

目　录

第一章　绪　论

小　结

1. 现代有机化合物的定义为“碳氢化合物及其衍生物”。有机化学是研究有机化合物组成、结构、性质、合成、分离纯化以及伴随这些变化所发生的一系列现象的一门学科。

2. 绝大多数有机化合物是以共价键相结合的，其特性可归纳为：同分异构现象普遍存在、可以燃烧、熔点低、难溶于水而易溶于有机溶剂、反应慢且产物复杂等。但这些特点都是相对而言的。

3. 有机化合物有两种分类方法，即根据碳链骨架分类和根据官能团分类。

根据碳原子的连接方式可分为：开链化合物、碳环化合物（脂环族化合物和芳香族化合物）、杂环化合物。

官能团是体现有机化合物化学性质的基团，化合物的化学性质及一些物理性质是由分子中的官能团决定的，含有相同官能团的有机化合物具有相似的化学性质。研究有机化合物结构与性质的关系，是医学院校学习有机化学的首要任务。

4. 同分异构现象是有机化合物的重要特征。有机化合物结构的表示方式有很多种：蛛网式（Lewis 构造式）、构造简式（示性式）、键线式、立体结构式（如 Fischer 投影式、Newman 投影式）等。

5. 在价键理论的基础上发展起来的杂化轨道理论，是支持本书有机化学理论的基础，也是我们学习的重点。

有机化合物中常见的杂化轨道类型为 sp^3 杂化、sp^2 杂化和 sp 杂化。

共价键的参数包含键能、键长、键角、键的极性和极化度等，这些参数决定了有机分子的结构特点和物理、化学性质。

分子的极性是各化学键极性的矢量和，通常用偶极矩表示。

分子间作用力的本质是静电作用力，主要包括：偶极-偶极作用力、范德华力（取向力、诱导力、色散力）和氢键。

6. 绝大多数的有机化学反应都与共价键的断裂和形成有关。共价键断裂的方式有两种：均裂与异裂。均裂后产生游离基（自由基），按均裂进行的反应叫做游离基反应；异裂后的产物为离子，按异裂进行的反应叫做离子型反应。除了游离基反应和离子型反应外，还有一大类反应称为协同反应（旧键断裂和新键形成在同一步骤中完成）。

共价键断裂后生成的碳正离子、碳负离子或碳游离基，都是非常活泼的反应中间体。

7. 在有机化学反应中，常把有机化学反应中的两个反应物分别称为进攻试剂和被作用物（底物），如 $A+B \longrightarrow C+D$。若 A 为有机物，B 为无机物，则一般称 B 为进攻试剂（简称试剂），称 A 为被作用物或底物；若 A 与 B 均为有机物，情况就比较复杂，一般小分子以进攻试剂者居多。

进攻试剂在离子型反应中，一般分为亲核试剂和亲电试剂两种。由亲核试剂的进攻而引起的反应叫做亲核反应；由亲电试剂的进攻而引起的反应叫做亲电反应。

亲核试剂是一些能供给电子的试剂，如 ROH、NH_3、RNH_2(氧、氮原子上含有孤对电子)、OH^-、RO^-、Br^-、CN^- 等。亲电试剂则是一些缺电子试剂(正离子试剂)，如 H^+、Cl^+、Br^+、NO_2^+、RN_2^+、R_3C^+ 等。

8. 有机酸碱理论中的酸碱质子理论和酸碱电子理论

酸碱质子理论的要点：酸是质子的给予体，碱是质子的接受体。酸释放质子后就变成它的共轭碱，碱与质子结合后就变成它的共轭酸。强酸的共轭碱为弱碱，弱酸的共轭碱为强碱，反之亦然。

酸碱电子理论的要点：酸是电子的接受体，碱是电子的给予体。酸碱反应是酸从碱接受一对电子，形成配位键得到一个加合物。Lewis 酸是亲电试剂，Lewis 碱是亲核试剂。

习　题

一、单选题

1. 大多数有机化合物的结构中，都是以：（　）

A. 配位键结合　B. 共价键结合　C. 离子键结合

D. 氢键结合　E. 非极性键结合

2. 下列物质中属于亲电试剂的是：（　）

A. H_2O　B. NH_3　C. OH^-

D. $CH_3CH_2O^-$　E. Br_2

3. 下列有机化合物中，分子组成正确的是：（　）

A. C_5H_{11}　B. $C_4H_{12}N$　C. C_3H_8O

D. $C_7H_{15}Br_2$　E. C_5H_8NO

4. 下列基团中属于游离基的是：（　）

A. $(CH_3)_3C^-$　B. $(CH_3)_3C^+$　C. Br^-

D. $C_6H_5^-$　E. $CH_3\cdot$

5. 下列化合物为非极性分子的是：（　）

A. CCl_4　B. HI　C. CH_3OCH_3

D. $CH_3CH_2NH_2$　E. CH_3CHO

6. 共价键(a) N—H，(b) C—H，(c) O—H，(d) F—H，按键的极性由大到小排列顺序是：（　）

A. (d)＞(a)＞(c)＞(b)　B. (b)＞(a)＞(c)＞(d)　C. (a)＞(c)＞(d)＞(b)

D. (d)＞(c)＞(a)＞(b)　E. (c)＞(b)＞(a)＞(d)

7. 碳卤键(a) C—F，(b) C—Br，(c) C—Cl，(d) C—I，按键的极化度的大小排列，顺序正确的为：（　）

A. (d)＞(c)＞(b)＞(a)　B. (d)＞(b)＞(c)＞(a)　C. (a)＞(c)＞(b)＞(d)

D. (a)＞(b)＞(c)＞(d)　E. (c)＞(b)＞(d)＞(a)

8. 下列物质中，能形成分子间氢键的是： (　　)

A. CH_3OCH_3　　B. C_6H_6　　C. CH_3OH

D. $CH_3CH_2N(CH_3)_2$　　E. CH_3COOCH_3

9. 下列物质中既可以作为 Lewis 酸，又可以作为 Lewis 碱的是： (　　)

A. CH_3CH_2OH　　B. $AlCl_3$　　C. CH_3OCH_3

D. $(CH_3CH_2)_2NH$　　E. CH_3^+

10. 已知甲基碳正离子为平面空间构型，其中碳原子的杂化状态为： (　　)

A. sp 杂化　　B. sp^2 杂化　　C. sp^3 杂化

D. sp^3 不等性杂化　　E. 以上都不是

二、下列各组结构式中，每一组是否代表同一化合物？

1. $CH_3—C(CH_3)(H)—CH_2—OH$　　$CH_3—C(H)(CH_2—OH)—CH_3$　　$CH_3—C(CH_2OH)(CH_3)—H$

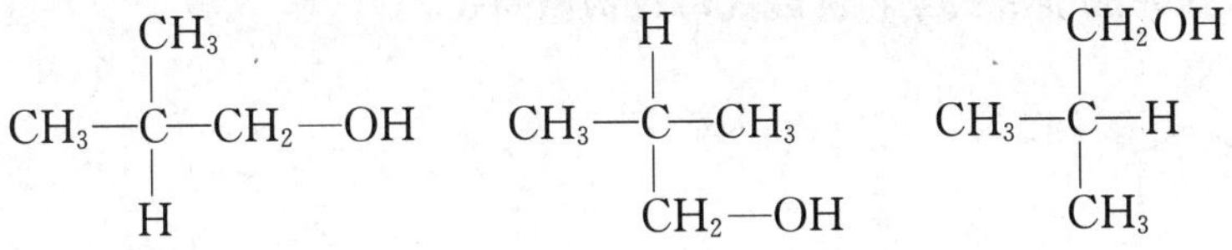

2. $H—C(H)(H)—C(H)(H)—Br$　　$Br—C(H)(H)—C(H)(H)—H$　　$H—C(H)(H)—C(Br)(H)—H$

3. OH　OH　　OH　OH　　HO　OH　　HO　OH

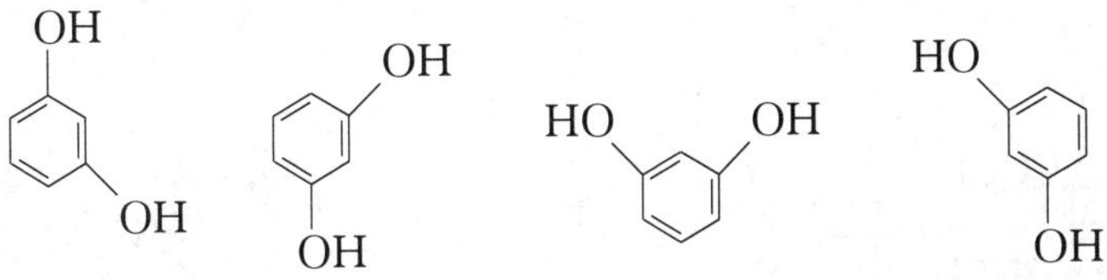

4. $CH_3CH(CH_3)CH(CH_2CH_3)CH_2CH_2CH_3$　　$CH_3CH_2CH(CH_3CHCH_3)CH_2CH_2CH_3$　　$(H_3C)(CH_3)CH—CH(CH_3CH_2CH_2)(CH_2CH_3)$

$CH_3CH(CH_3)CH(CH_2CH_3)CH_2CH_2CH_3$ 　　$CH_3—CHCH_3—CHCH_2CH_3—CH_2CH_2CH_3$

（原式：$CH_3CHCHCH_2$，其中 CH 上连 CH_2CH_3 及 CH_3，CH_2 下连 $CH_2—CH_3$；第二式：CH_3—$CHCH_3$—$CHCH_2CH_3$—$CH_2CH_2CH_3$ 纵向相连）

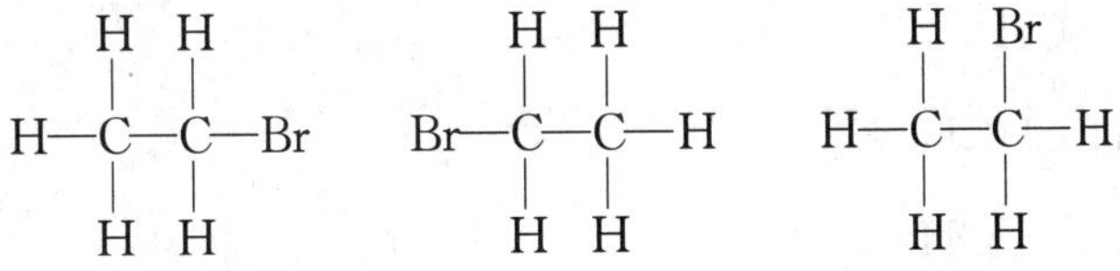

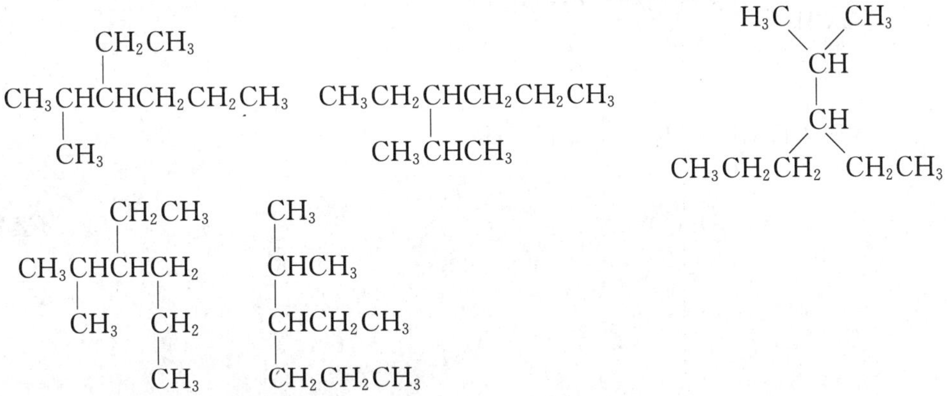

三、将下列构造简式改写成键线式或将键线式写成构造简式

1. $(CH_3)_2CH(CH_2)_4CH(CH_3)C(CH_3)_3$

2. OH

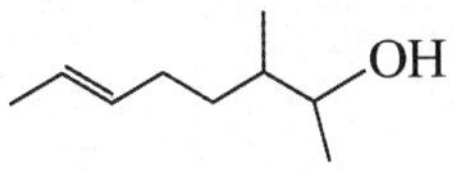

3. 前列腺素 $PGF_{1\alpha}$

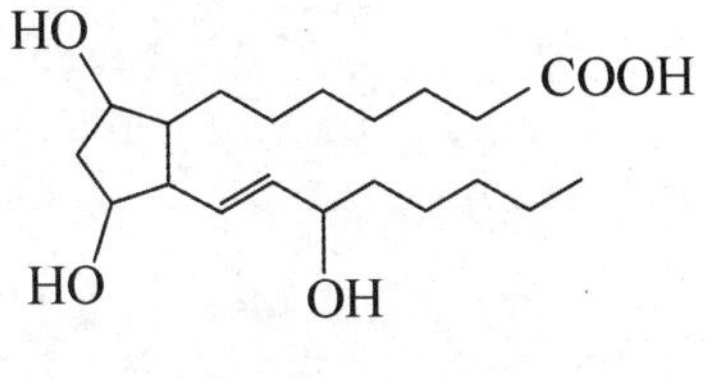

HO　COOH　HO　OH

4.

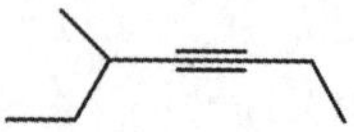

参考答案

一、单选题

1. B **2.** E **3.** C **4.** E **5.** A **6.** D **7.** B **8.** C **9.** A **10.** B

二、下列各组结构式中，每一组是否代表同一化合物？

各组结构式中，每一组的结构式看似不同，实际上代表同一化合物。

三、将下列构造简式改写成键线式或将键线式写成构造简式

1.

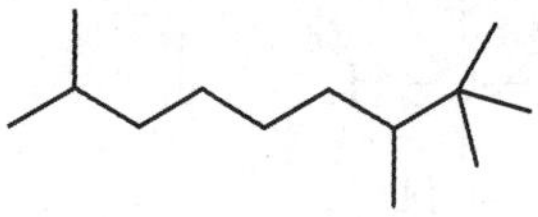

2. 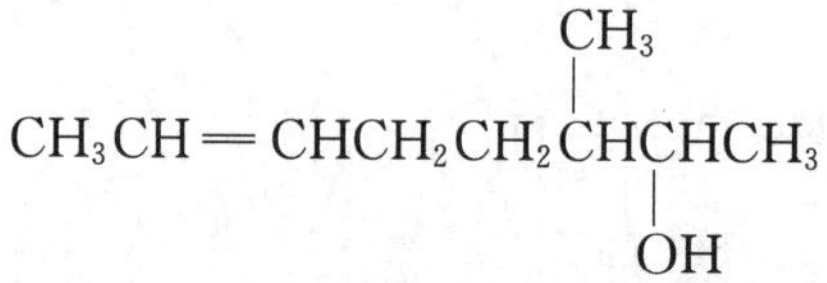 $CH_3CH{=}CHCH_2CH_2CH(CH_3)CH(OH)CH_3$

3. OH, CH, CH_2, CH, OH, $CH(CH_2)_6COOH$, $CHCH{=}CHCH(CH_2)_4CH_3$, OH

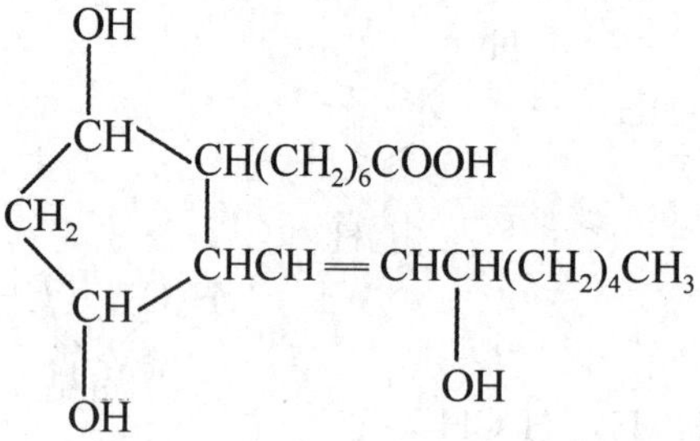

4. $CH_3CH_2CH(CH_3)C{\equiv}CCH_2CH_3$

（姜慧君）

第二章　烷烃和环烷烃

小　结

1. 烷烃和环烷烃中碳原子都采取 sp^3 杂化，分子中所有的键均为 σ 键，烷烃中键角接近 109°28′。环烷烃中三、四员环因环上原子数较少，致使碳原子成键时，杂化轨道不能沿着成键原子的连线重叠，而是在连线的外侧重叠，从而形成了弯曲的 C—C σ 键。

2. 烷烃的化学性质相当稳定，一般情况下与强酸、强碱、常用氧化剂和还原剂均不反应。烷烃的主要化学性质是卤代反应，属于自由基链反应，一般包含链引发、链增长和链终止三个阶段，最终得到的是多种卤代产物的混合物。

3. 环烷烃与烷烃类似，可以发生自由基取代反应；含 3～4 个碳原子的小环，因环的张力较大，容易开环，可以发生加成反应；环烷烃不能与酸性高锰酸钾溶液反应。

4. 普通命名法又称为习惯命名法，主要适用于 5 个碳原子以下的烷烃命名；系统命名法适用于所有有机化合物。

5. 次序规则要点：①原子序数大的优先，同位素质量数大的优先；②如果直接相连原子的原子序数相同，则比较第 2 个原子的原子序数，以此类推；③不饱和基团可看作是与两个或三个相同的原子相连。

6. 烷烃命名：首先选最长碳链为主链，若有多条碳链原子数相等，应选择取代基最多的一条碳链为主链；其次按照最低系列原则给主链编号（从靠近取代基一端开始编号，若有不同编号方式，选取次序规则中优先次序小的基团编号小的方式）；最后写出名称。

注意书写规范：先写取代基后写母体（某烷），主链碳数用天干（碳数不超过 10 个）或中文（碳数超过 10 个）表示；先用阿拉伯数字标明取代基位次，后写出其名称，位次与名称间用半字线隔开；不同取代基按优先顺序先小后大的顺序列出，相同取代基合并，位次间要用“,”隔开。

7. 环烷烃命名：和烷烃类似，只是母体名称改为“环某烷”；当环上有取代基时，连有取代基的或连有优先顺序小的取代基的碳原子为 1 号，然后按“最低系列”原则决定编号方向。

8. 构象异构的产生是由于单键的旋转，不同旋转角度对应不同构象，常用 Newman 投影式或锯架式表示不同构象，在各构象中能量最低的称为优势构象。

乙烷有两种典型构象：交叉式（优势构象）和重叠式。

丁烷有四种典型构象：对位交叉式（优势构象）、邻位交叉式、部分重叠式和全重叠式。

环己烷有两种典型构象：椅式（优势构象）和船式。椅式构象中每个碳上有两个 C—H 键，与对称轴平行的称为竖键（又称直立键，a 键），与对称轴成±109°28′的称为横键（又称平伏键，e 键）。一取代环己烷中 e 键取代的为优势构象，多取代时，取代基处于 e 键上的数目越多越稳定，此外体积较大的基团在 e 键上能量较低。

习 题

一、单选题

1. sp^3 杂化轨道的夹角为：（ ）

A. 180° B. 120° C. 109°28′

D. 90° E. 60°

2. 化合物 $CH_3CH_2CH(CH_3)C(CH_3)_2CH_2CH_3$ 的系统命名正确的是：（ ）

A. 3,3-二甲基己烷 B. 3-甲基己烷 C. 4,4-二甲基己烷

D. 3-甲基庚烷 E. 以上说法都不正确

3. 下列操作过程中，哪一个可以得到氯代物：（ ）

A. 甲烷和氯气的混合物放置在室温和黑暗中

B. 将氯气先用光照射，然后在黑暗中放置一段时间，再与甲烷混合

C. 将氯气先用光照射，然后迅速在黑暗中与甲烷混合

D. 将甲烷先用光照射，然后在黑暗中放置一段时间，再与氯气混合

E. 将甲烷先用光照射，然后迅速在黑暗中与氯气混合

4. 烷烃 C_5H_{12} 中一个 H 被氯原子取代后的产物共有多少种：（ ）

A. 5 B. 4 C. 6

D. 7 E. 8

5. 下列各式中，哪个是顺式-1-甲基-4-乙基环己烷的优势构象：（ ）

A. 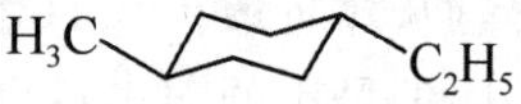 H_3C C_2H_5 B. H_5C_2 CH_3 C. H_3C C_2H_5

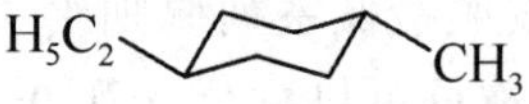

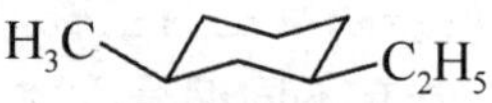

D. 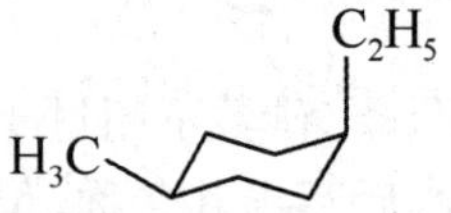 C_2H_5 H_3C E. 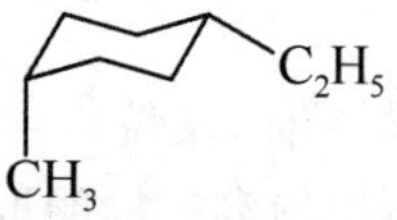 C_2H_5 CH_3

6. 鉴别丙烷和环丙烷可以选用下列试剂中的：（ ）

A. $KMnO_4$ B. HBr C. HCl

D. Br_2/H_2O E. Cl_2

7. 下列各组化合物是同一化合物的是：（ ）

A.

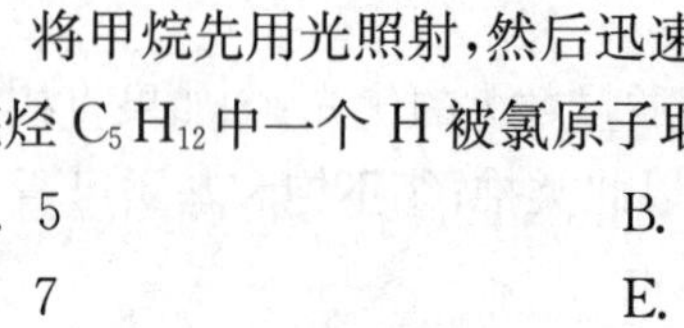

B.

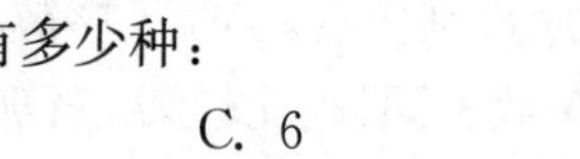

C. 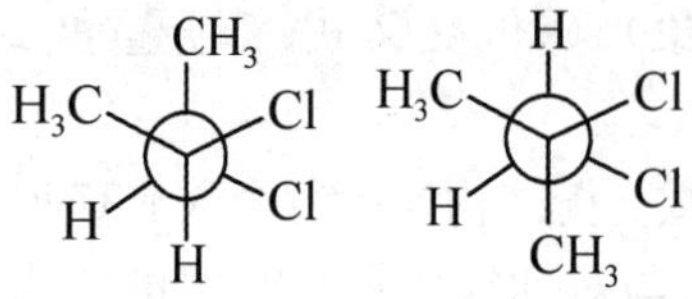 CH_3 H_3C Cl Cl H H　　H H_3C Cl Cl H CH_3

D. 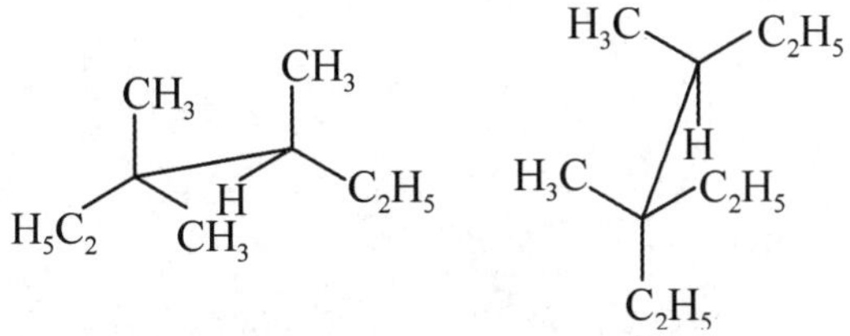 CH_3 CH_3 H C_2H_5 H_5C_2 CH_3　　H_3C C_2H_5 H H_3C C_2H_5 C_2H_5

E. 以上选项都不正确

8. 下列化合物中所有碳原子共平面的是：（　　）

A. 正戊烷　　B. 丁烷　　C. 2,3-二甲基戊烷

D. 环戊烷　　E. 环丙烷

9. 下列化合物与 H_2/Ni 反应，最活泼的是：（　　）

A. 环丙烷　　B. 环丁烷　　C. 环戊烷

D. 环己烷　　E. 甲基环己烷

10. 下列自由基稳定性最高的是：（　　）

A. $\dot{C}H_3$　　B. $\dot{C}(CH_3)_3$　　C. $\dot{C}H_2CH_3$

D. $\dot{C}H_2CH(CH_3)_2$　　E. $\dot{C}H(CH_3)_2$

二、用系统命名法命名下列化合物

1. $CH_3CH_2CH_2CHCH_3$（CH 上连 CH_3）

2. $(CH_3)_2CHC(CH_3)_3$

3. 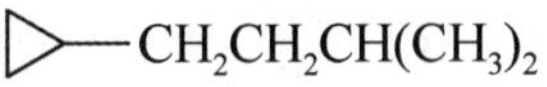 ▷—$CH_2CH_2CH(CH_3)_2$

4. $CH_3CCH_2CH_3$（C 上连 CH_2CH_3 和 $CH_2CH_2CH_2CH_3$）

5.

6.

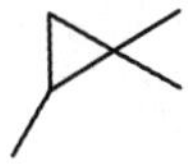

7. 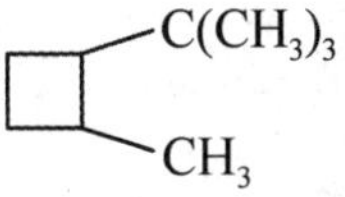 □ $C(CH_3)_3$ CH_3

8.

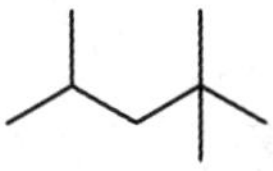

9. 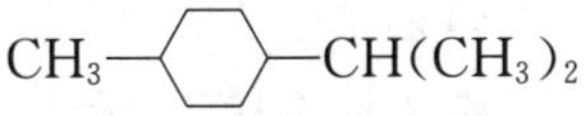 CH_3—⬡—$CH(CH_3)_2$

10. (cyclohexane with CH_2CH_3 and $\overset{|}{C}HCH_2CH_3$ / CH_3 substituents) (顺/反)

三、完成下列反应式

1. $CH_3CH(CH_3)_2 \xrightarrow[\text{日光}\triangle]{Br_2}$

2. (cyclopentane) $\xrightarrow[\text{日光}]{Cl_2}$

3. (methylcyclobutane) $\xrightarrow[Ni\ \triangle]{H_2}$

4. H_3CH_2C, H_3C (1-ethyl-1-methylcyclobutane) $\xrightarrow[\triangle]{HBr}$

5. (trimethylcyclopropane) $\xrightarrow[\triangle]{HBr}$

6. (cyclopentylcyclobutane) $\xrightarrow[\triangle]{Br_2}$

7. (spiro compound) $\xrightarrow[H^+]{KMnO_4}$

8. (cyclobutyl-dimethylcyclopropane) $\xrightarrow[\text{室温}]{Br_2}$

四、结构推导

1. 化合物A分子式为C_6H_{14},进行溴代反应时,可以生成两种一溴代产物B和C。试写出A、B和C的可能结构。

2. 化合物A和B分子式都是C_4H_8,A在室温下可与溴水反应生成C,B在室温下不可与溴水反应,B只能在加热条件下与溴水反应生成D,A和B均不能与$KMnO_4/H^+$反应。试写出A、B、C和D的可能结构。

参考答案

一、单选题

1. C **2.** E **3.** C **4.** E **5.** E **6.** D **7.** B **8.** E **9.** A **10.** B

二、用系统命名法命名下列化合物

1. 2-甲基戊烷
2. 2,2,3-三甲基丁烷
3. 3-甲基-1-环丙基丁烷
4. 3-甲基-3-乙基庚烷
5. 2,2-二甲基丙烷
6. 1,1,2-三甲基环丙烷
7. 1-甲基-2-叔丁基环丁烷
8. 2,2,4-三甲基戊烷
9. 1-甲基-4-异丙基环己烷
10. 顺-1-乙基-2-仲丁基环己烷

三、完成下列反应式

1. 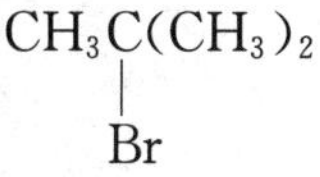 $CH_3C(CH_3)_2$（C 上连 Br）

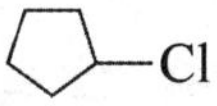

2. （环戊基）—Cl

3. （锯齿形碳链结构）

4. 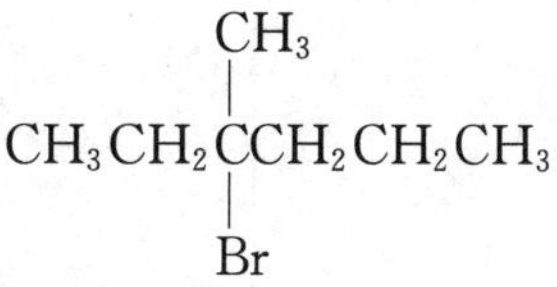 $CH_3CH_2CCH_2CH_2CH_3$（中间 C 上连 CH_3 和 Br）

5. 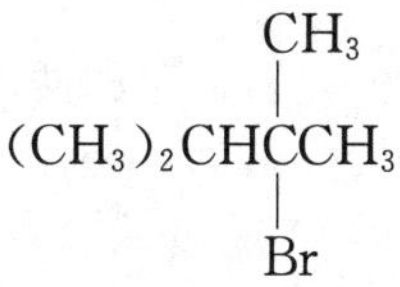 $(CH_3)_2CHCCH_3$（C 上连 CH_3 和 Br）

6.  （环戊基）—$CHBrCH_2CH_2CH_2Br$

7. 不反应

8. 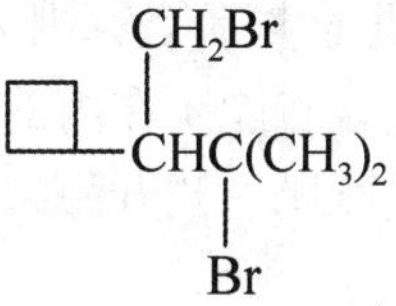 （环丁基）—$CHC(CH_3)_2$（CH 上连 CH_2Br，C 上连 Br）

四、结构推导

1. A：$(CH_3)_2CHCH(CH_3)_2$

   B 和 C：$(CH_3)_2CBrCH(CH_3)_2$ 或 $BrCH_2CH(CH_3)CH(CH_3)_2$

2. A：（甲基环丙烷）

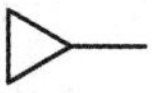

   B：（环丁烷）

   C：$BrCH_2CH_2CHBrCH_3$

   D：$BrCH_2CH_2CH_2CH_2Br$

（朱　荔）

第三章　烯烃和炔烃

小　结

1. 碳碳双键是由一个 σ 键和一个 π 键组成的，叁键则是由一个 σ 键和两个 π 键组成的。

2. 烯烃和炔烃的命名。

含有单官能团化合物命名原则为：

选主链：选取包含官能团在内的最长碳链为主链，其余参见第二章烷烃和环烷烃；

编号：从临近官能团一侧开始编号，使得官能团编号尽量小，其余参见第二章烷烃和环烷烃；

写出名称：先取代基后母体写出化合物的系统名称。

含有多官能团化合物命名原则为：

选择母体官能团：根据附录Ⅰ，选出较优先的官能团做母体官能团；

选主链：选取包含母体官能团在内的（如有可能尽量包含次官能团）最长碳链为主链，其余参照单官能团化合物命名原则；

编号：从临近母体官能团一侧开始编号，使得其编号尽量小，其余参照单官能团化合物命名原则；

写出名称：先取代基后母体（母体官能团一般放在最后）写出化合物的系统名称。

3. 烯烃和炔烃的主要化学反应是催化加氢、亲电加成和氧化反应。

亲电加成反应的取向一般遵循马氏规则——不对称底物（烯烃或炔烃）和不对称亲电试剂反应时，试剂中带正电荷的部分总是加到底物中带部分负电荷的碳原子上（马氏规则也可表述为反应总是倾向于生成稳定的碳正离子中间体）。但在过氧化物存在下，烯烃和炔烃与 HBr 发生自由基加成反应，产物是反马氏规则的。

烯烃和炔烃可以被高锰酸钾等强氧化剂氧化，可以利用高锰酸钾褪色等进行鉴别，也可以根据产物结构推断原来烯烃或炔烃的结构。

炔烃有些特殊反应：直接和叁键碳原子相连的氢原子具有一定的活性，可与 $Ag(NH_3)_2NO_3$ 或 $Cu(NH_3)_2Cl$ 反应生成炔淦，此反应也可用于鉴别；炔与水进行加成时，产物重排生成羰基化物。

4. 诱导效应指的是因静电诱导作用而产生的碳链中碳原子上的电子云密度分布改变，分为＋I 效应和－I 效应。凡电负性大于 H 者为吸电子基团，产生－I 效应；凡电负性小于 H 者为供电子基团，产生＋I 效应。

诱导效应的特点是：沿着 σ 键传递；由近及远迅速减弱，3 个碳原子以后基本消失。

5. 二烯烃有三种类型：隔离二烯烃（两个双键相距超过一个碳原子，相互之间影响小，其性质类似于单烯烃）；聚集二烯烃（两个双键连在同一个碳原子上，这类二烯烃不够稳定)；共轭二烯烃(即单双键交替出现)。

6. 一个典型的共轭体系的形成应满足三个条件：形成共轭体系的原子共平面；至少有 3 个可以平行交叠的 p 轨道；有一定数量的供成键用的 p 电子。

7. 共轭效应分为吸电子共轭效应(－C)和供电子共轭效应(＋C)。共轭效应的特点是：它是沿着共轭链传递的；电量由近及远地传递，基本不减弱；电性呈正负交替极化。

典型的共轭效应分为 π－π 共轭和 p－π 共轭，后者还可根据参与共轭的原子数和电子数是否相等，进一步细分为等电子、缺电子和多电子 p－π 共轭；超共轭效应分为 σ－π 超共轭效应和 σ－p 超共轭效应两类。

习　题

一、单选题

1. 下列化合物分子中所有碳原子在同一平面上的是：（　　）

A. $CH_3CH_2CH_2CH_3$　B. $CH_2{=}CHCH_2CH_3$　C. $CH_3CH{=}CHCH_3$

D. $CH_2{=}CHCH(CH_3)_2$　E. $CH_3CH(CH_3)CH_3$

2. $CH_3CH{=}CH_2 + HBr \longrightarrow CH_3CHBrCH_3$ 表示的反应是：（　　）

A. 亲核取代反应　B. 亲电取代反应　C. 亲核加成反应

D. 亲电加成反应　E. 游离基加成反应

3. 引起烯烃顺反异构的原因是：（　　）

A. 双键的相对位置不同　B. 双键不能自由旋转

C. 双键在分子链的中间　D. 双键碳原子上连有不同的原子(团)

E. 以上说法都不正确

4. 下列化合物中，无顺反异构体的是：（　　）

A. 2-丁烯酸　B. 2-甲基-2-丁烯　C. 2-丁烯醛

D. 2-氯-2-丁烯　E. 2-丁烯

5. 下列化合物加入 $AgNO_3/NH_3$ 后有白色沉淀生成的是：（　　）

A. $H_2C{=}CHCH_2CH_2CH_3$　B. $H_2C{=}CHCH{=}CHCH_3$

C. $H_2C{=}CHCH_2CH{=}CH_2$　D. $HC{\equiv}CCH_2CH_2CH_3$

E. $CH_3C{\equiv}CCH_2CH_3$

6. 能区分丙烷、环丙烷和丙烯的试剂是：（　　）

A. $KMnO_4/H^+$　B. $FeCl_3$　C. Br_2/H_2O

D. B 和 C　E. A 和 C

7. 1-戊烯-4-炔与 1 mol Br_2 反应后，其主要产物为：（　　）

A. 3,5-二溴-1-戊烯-4-炔　B. 4,5-二溴-1-戊炔　C. 1,2-二溴-1,4-戊二烯

D. 1,5-二溴-1,3-戊二烯　E. 以上都不是

8. 化合物甲能够(a) 催化加氢生成乙基环己烷；(b) 与 2 mol Br_2 加成；(c) $KMnO_4/H^+$ 溶液氧化后生成 β-羧基(—COOH)己二酸，则甲的结构为：（　　）

A. 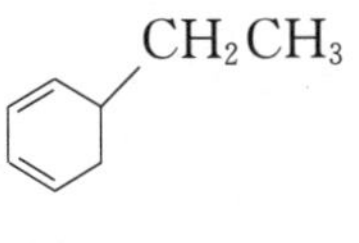 (环己二烯，取代基 CH_2CH_3)　B. 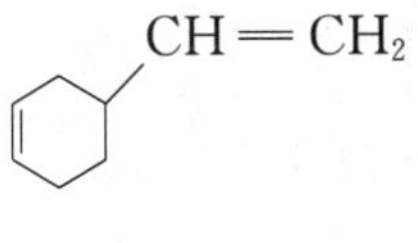 (环己烯，取代基 $CH{=}CH_2$)　C. 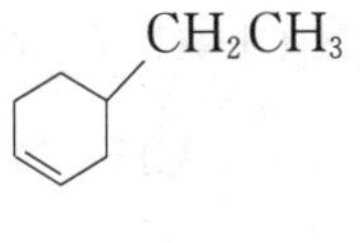 (环己烯，取代基 CH_2CH_3)

D. (structure: cyclohexene ring bearing $CH{=}CH_2$)　　E. (structure: cyclohexane ring bearing $CH{=}CH_2$)

9. 下列叙述中,不正确的是:　　(　　)

A. 键的极性大小的次序是:C—F>C—Cl>C—Br>C—I

B. 极化度的大小次序是:C—I>C—Br>C—Cl>C—F

C. 稳定性的大小次序是:

$CH_2{=}C{=}CH{-}CH_3 > CH_2{=}CH{-}CH{=}CH_2 > CH_2{=}CH{-}CH_2{-}CH_3 > CH_2{=}CH{-}C{\equiv}CH$

D. 碳原子的电负性大小次序是:sp 杂化> sp^2 杂化> sp^3 杂化

E. H 原子的"酸"性大小次序是:$CH{\equiv}CH > CH_2{=}CH_2 > CH_3{-}CH_3$

10. 烯烃的亲电加成反应遵循:　　(　　)

A. 诱导效应　　B. 共轭效应　　C. 马氏规则

D. 查依采夫规则　　E. 以上选项均不正确

二、用系统命名法命名下列化合物

1. $HC{\equiv}CCH_2CH(CH_3)_2$

2. $H_3CCH{=}CHCH(CH_3)CH_2CH_2C{\equiv}CH$ (the CH_3 on the third carbon from the left)

3. $H_2C{=}CHC(=CH_2)CH_3$

4. (顺反) H_3C and Br on one carbon, H and CH_3 on the other: $(H_3C)(Br)C{=}C(H)(CH_3)$

5. (structure: 1,6,6-trimethylcyclohexene skeleton — cyclohexene ring with gem-dimethyl carbon adjacent to methyl-substituted double-bond carbon)

6. (Z/E) $(H)(H_3C)C{=}C[C(CH_3){=}CH_2][C(CH_3)_3]$

7. (structure: cyclopentadiene ring with gem-dimethyl on the sp^3 carbon)

8. $H_2C{=}CHCH[CH(CH_3)_2]CH_2CH_2C{\equiv}CH$

9. (skeletal structure: $CH_2{=}CH{-}CH{=}C(CH_3){-}C(CH_3){=}CH_2$)

10. $CH_3CH_2CH(CH_2CH_3)CH(CH_3)CH{=}C(CH_3)CH(CH_3)_2$ — printed as $CH_3CH_2CHCHCH{=}CCH_3$ with CH_2CH_3 below the first CH, CH_3 above the second CH, and $CH(CH_3)_2$ below C

三、完成下列反应式

1. $(CH_3)_2CHCH=CH_2 \xrightarrow{HCl}$

2. 1-甲基环戊烯 $\xrightarrow{Cl_2}$

3. $H_2C=CHCH_2CN \xrightarrow{HBr}$

4. $CH_3CH_2CH_2C\equiv CH \xrightarrow{Cu(NH_3)_2Cl}$

5. 环己烯 $\xrightarrow[OH^-]{KMnO_4}$

6. $H_2C=CHCH(CH(CH_3)_2)CH_2CH_2C\equiv CH \xrightarrow{1\ mol\ HCl}$

7. $H_2C=CHCH=CH_2 \xrightarrow{1\ mol\ HCl}$

8. $CH_3CH_2CH=CH_2 \xrightarrow[H_2O_2]{HBr}$

9. 环戊亚基$=CHCH_2CH_3 \xrightarrow[H^+]{KMnO_4}$

10. $CH_3CH=CHCH_2CH=CHBr \xrightarrow{1\ mol\ Br_2}$

11. $H_2C=CHCH_2CH_3 \xrightarrow{H_2SO_4}$

12. $HC\equiv CH \xrightarrow[1\ mol]{HCl} \quad \xrightarrow[1\ mol]{HCl}$

13. $(CH_3)_3CC\equiv CH \xrightarrow{1\ mol\ HBr}$

14. $HC\equiv CCH_2CH(CH_3)_2 \xrightarrow[H^+]{KMnO_4}$

15. $HC\equiv CCH_3 \xrightarrow[H_2SO_4]{H_2O/HgSO_4}$

四、结构推导

1. 某化合物分子式为 C_5H_8，该化合物可吸收两分子溴，不能与硝酸银的氨溶液作用，与过量的酸性高锰酸钾溶液反应，生成两种产物 CO_2 和 $CH_3COCOOH$，试写出该化合物的结构式。

2. 化合物 A、B 和 C 的分子式均为 C_5H_{10}，A 存在顺反异构，B 和 C 不存在顺反异构，A 在室温下可使溴水和高锰酸钾褪色，B 和 C 在室温下可使溴水褪色，但不能使高锰酸钾褪色，B 与 HBr 反应可得 D，C 与 HBr 反应可得 E，D 和 E 是同分异构体。试写出 A、B、C、D 和 E 可能的结构式。

参考答案

一、单选题

1. C **2.** D **3.** D **4.** B **5.** D **6.** E **7.** B **8.** B **9.** C **10.** C

二、用系统命名法命名下列化合物

1. 4-甲基-1-戊炔
2. 5-甲基-6-辛烯-1-炔
3. 2-甲基-1,3-丁二烯
4. 反-2-溴-2-丁烯
5. 1,6,6-三甲基环己烯
6. E-2-甲基-3-叔丁基-1,3-戊二烯
7. 5,5-二甲基环戊二烯
8. 3-异丙基-1-庚烯-6-炔
9. 2,3-二甲基-1,3,5-己三烯
10. 2,3,5-三甲基-6-乙基-3-辛烯

三、完成下列反应式

1. $(CH_3)_2CHCHClCH_3$
2. 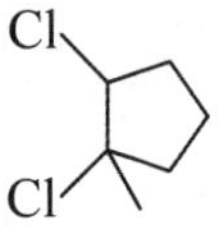 1,2-二氯-1-甲基环戊烷（结构式：环戊烷，一个碳上连Cl，相邻碳上连Cl和CH_3）
3. $BrCH_2CH_2CH_2CN$
4. $CH_3CH_2CH_2C\equiv CCu$
5. 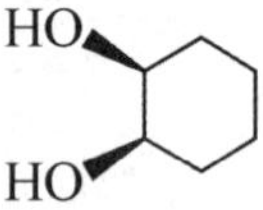 顺-1,2-环己二醇（结构式：环己烷相邻两碳上各连一个HO，楔形键同侧）
6. $H_3CCHClCHCH_2CH_2C\equiv CH$（第4位碳上连 $CH(CH_3)_2$）
7. $CH_3CHClCH{=}CH_2 + CH_3CH{=}CHCH_2Cl$
8. $CH_3CH_2CH_2CH_2Br$
9. 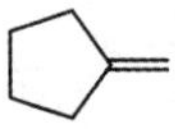 环戊酮（环戊烷=O）$+ CH_3CH_2COOH$
10. $CH_3CHBrCHBrCH_2CH{=}CHBr$
11. $CH_3CHCH_2CH_3$（第2位碳上连 OSO_3H）
12. $H_2C{=}CHCl, CH_3CHCl_2$
13. $(CH_3)_3CC{=}CH_2$（双键碳上连 Br）
14. $HOOCCH_2CH(CH_3)_2 + CO_2$
15. CH_3CCH_3（中间碳上 $=O$）

四、结构推导

1. $H_2C{=}CCH{=}CH_2$（第2位碳上连 CH_3）
2. A：$CH_3CH{=}CHCH_2CH_3$（顺/反） B：1,1,2-三甲基环丙烷（键线式） C：乙基环丙烷（键线式）

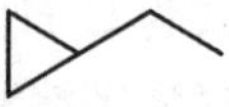

   D：$CH_3CH_2C(CH_3)_2$（叔碳上连 Br） E：$CH_3CH_2CHBrCH_2CH_3$

   或

   A：$CH_3CH{=}CHCH_2CH_3$（顺/反） B：乙基环丙烷（键线式） C：1,1,2-三甲基环丙烷（键线式）

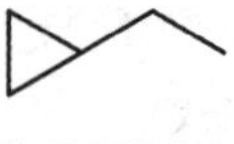

   D：$CH_3CH_2CHBrCH_2CH_3$ E：$CH_3CH_2C(CH_3)_2$（叔碳上连 Br）

（朱　荔）

第四章　芳香烃

小　结

1. 苯分子的碳原子都是 sp^2 杂化，每个碳原子的 3 个 sp^2 杂化轨道分别形成 2 个碳-碳 σ 键和 1 个碳-氢 σ 键，由此构成平面正六边形的碳骨架，每个碳原子还有 1 个未参与杂化的 2p 轨道，平行重叠形成了稳定的闭合的大 π 键。大 π 键的电子高度离域，电子云密度完全平均化，体系非常稳定。

2. 单环芳烃的命名一般以苯作为母体，烃基作为取代基。对复杂的烃基，脂肪烃可作为母体，苯作为取代基。多烃基苯，视不同情况可用邻(o)、间(m)、对(p)或连、偏、均等表示烃基在苯环上的相对位置，或用阿拉伯数字表示烃基在苯环上的位置。苯环的编号原则与前面讲述的环烷烃的编号原则基本一致。常用的芳香烃基有苯基和苯甲基(又称苄基)。

3. 苯系芳香烃的主要化学性质为苯环上的亲电取代反应及侧链的卤代和氧化反应。亲电取代反应包括卤代、硝化、磺化、烷基化和酰基化。

烷基化和酰基化反应要求芳环上电子云密度不能小于苯(如芳环上有氰基等吸电子基团，不能发生此反应)，烷基化反应中卤代烷的碳原子数等于或大于 3 时，有可能发生重排(原因是碳卤键异裂产生的碳正离子发生重排，生成较稳定的碳正离子)，酰基化反应则不发生重排。

4. 当芳环上已有取代基时，芳香烃进行亲电取代反应的活性及取向由取代定位规律决定。

定位规律：邻、对位定位基主要使第二个取代基进入它的邻位和对位，反应比苯容易进行(卤素例外)；间位定位基主要使第二个取代基进入它的间位，反应比苯难进行。

常见的邻对位定位基有：

强致活基：$—O^-$，$—NH_2$，$—OH$；

中等致活基：$—OR$，$—NH\underset{\underset{O}{\|}}{C}R$，$—O\underset{\underset{O}{\|}}{C}R$；

弱致活基：$—CH_3$，$—C_6H_5$，$—CH_2\underset{\underset{O}{\|}}{C}OH$；

弱致钝基：—X(F，Cl，Br，I)，$—CH_2X$

常见的间位定位基有：

强致钝基：$—\overset{+}{N}R_3$，$—NO_2$；

中等致钝基：$—CN$，$—SO_3H$；

弱致钝基：$—\underset{\underset{O}{\|}}{C}R$，$—\underset{\underset{O}{\|}}{C}OH$，$—CX_3$，$—\underset{\underset{O}{\|}}{C}OR$，$—\underset{\underset{O}{\|}}{C}NHCH_3$，$—\underset{\underset{O}{\|}}{C}NH_2$，$—\overset{+}{N}H_3$

5. 苯环卤代与苯环侧链的卤代反应条件不同，前者属于亲电取代反应，需铁粉或三氯(溴)化铁催化，后者属于游离基型取代反应，需光照或高温，侧链卤代优先发生在α-碳原子上。

6. 烷基苯侧链氧化的氧化剂为酸性高锰酸钾、酸性重铬酸钾或稀硝酸等，侧链有α-氢的可以被氧化成羧基。

7. 重要的稠环芳烃有萘、蒽和菲等。其"芳香性"比苯差，比苯容易发生加成和氧化反应，萘的卤代和硝化等亲电取代反应主要发生在α-位，磺化反应根据温度不同，可以发生在α-位或β-位上。

8. 休克尔规则：在一单环多烯化合物中，只要它具有共平面的离域体系，其π电子数等于$4n+2$($n=0,1,2,3,\cdots$)，该化合物就具有"芳香性"。

习　题

一、单选题

1. 下列化合物进行硝化反应的活性顺序正确的是：（　　）

(a) 甲苯（$C_6H_5CH_3$）　(b) 氯苯（C_6H_5Cl）　(c) 苯　(d) 硝基苯（$C_6H_5NO_2$）　(e) 苯甲醚（$C_6H_5OCH_3$）

A. (a)＞(c)＞(b)＞(e)＞(d)　　B. (a)＞(b)＞(c)＞(d)＞(e)

C. (e)＞(a)＞(c)＞(b)＞(d)　　D. (e)＞(a)＞(b)＞(c)＞(d)

E. (c)＞(a)＞(b)＞(d)＞(e)

2. 下述反应产物正确的是：（　　）

$$C_6H_5-CH_3 \xrightarrow[Fe]{Cl_2}$$

A. $C_6H_5-CH_2Cl$　B. 邻氯甲苯（Cl 在 CH$_3$ 邻位）　C. 间氯甲苯（Cl 在 CH$_3$ 间位）

D. $Cl-C_6H_4-CH_3$（对位）　E. 邻氯甲苯 + $Cl-C_6H_4-CH_3$（对位）

3. $C_6H_5-CH_3$ 稳定的最主要原因是分子中存在下列哪种电子效应：（　　）

A. +I 效应　　B. p-π 共轭　　C. π-π 共轭

D. −I 效应　　E. 空间效应

4. 下列硝化反应正确的是：（　　）

A. $C_6H_5-Cl \xrightarrow[浓 H_2SO_4 \triangle]{浓 HNO_3}$ 间硝基氯苯（O_2N 在 Cl 间位）

B. $C_6H_5-NO_2 \xrightarrow[浓 H_2SO_4 \triangle]{浓 HNO_3}$ $O_2N-C_6H_3(NO_2)-NO_2$（1,2,4-三硝基苯）

C. $H_3C-C_6H_4-NHCH_3 \xrightarrow[浓 H_2SO_4 \triangle]{浓 HNO_3} H_3C-C_6H_3(NO_2)-NHCH_3$

D. $C_6H_4(NO_2)CH_2CH_3 \xrightarrow[浓 H_2SO_4 \triangle]{浓 HNO_3} C_6H_3(NO_2)_2CH_2CH_3$

E. $H_3C-C_6H_4-COOH \xrightarrow[浓 H_2SO_4 \triangle]{浓 HNO_3} H_3C-C_6H_3(NO_2)-COOH$

5. 下列化合物进行卤代反应的活性最大的是： （ ）

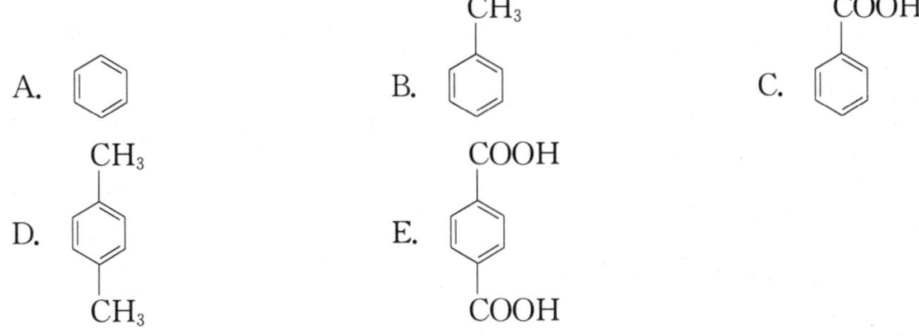

6. 甲苯一溴代物的结构异构体数目是： （ ）

A. 两种　　B. 三种　　C. 四种

D. 五种　　E. 六种

7. 下列物质中有芳香性的是： （ ）

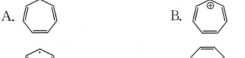

A.　　B.　　C.

D.　　E.

8. 下列基团属于间位定位基的是： （ ）

A. $-NH_2$　　B. $-OCH_3$　　C. $-Cl$

D. $-O\overset{\overset{O}{\|}}{C}CH_3$　　E. $-\overset{\overset{O}{\|}}{C}CH_3$

9. 按照哪条路线可以由苯合成间硝基苯甲酸： （ ）

A. $\xrightarrow[无水 AlCl_3]{CH_3I} \xrightarrow[H^+ \triangle]{KMnO_4} \xrightarrow[浓 H_2SO_4]{浓 HNO_3}$　　B. $\xrightarrow[浓 H_2SO_4]{浓 HNO_3} \xrightarrow[无水 AlCl_3]{CH_3I} \xrightarrow[H^+ \triangle]{KMnO_4}$

C. $\xrightarrow[H^+ \triangle]{KMnO_4} \xrightarrow[浓 H_2SO_4]{浓 HNO_3} \xrightarrow[无水 AlCl_3]{CH_3I}$　　D. $\xrightarrow[无水 AlCl_3]{CH_3I} \xrightarrow[浓 H_2SO_4]{浓 HNO_3} \xrightarrow[H^+ \triangle]{KMnO_4}$

E. $\xrightarrow[浓 H_2SO_4]{浓 HNO_3} \xrightarrow[H^+ \triangle]{KMnO_4} \xrightarrow[无水 AlCl_3]{CH_3I}$

10. 用化学方法鉴别苯、乙苯、苯乙烯和苯乙炔，需要用到哪些试剂： （ ）

A. 银氨溶液，溴化氢，过氧化氢

B. 溴水，碘甲烷，酸性高锰酸钾溶液

C. 银氨溶液，酸性高锰酸钾溶液，溴水

D. 酸性高锰酸钾溶液，溴化氢，氢气/镍

E. 浓硫酸，浓硝酸，重铬酸钾

二、用系统命名法命名下列化合物

1. 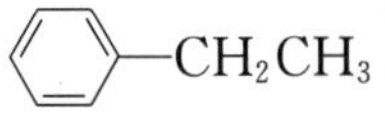 $-CH_2CH_3$

2. Cl

3. NO_2 O_2N- $-CH_3$ NO_2

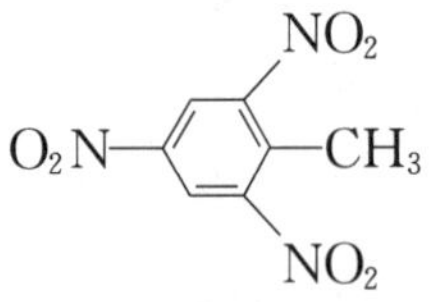

4. 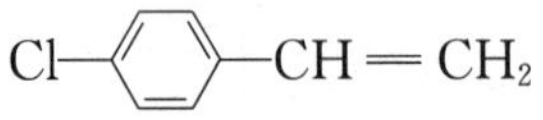 $Cl-$ $-CH=CH_2$

5. 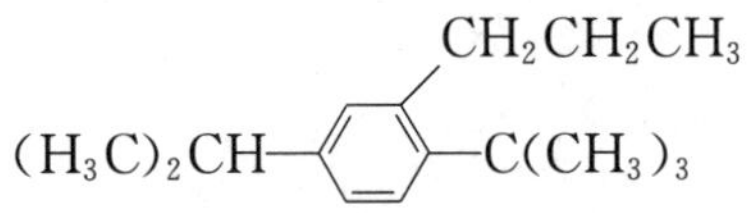 $CH_2CH_2CH_3$ $(H_3C)_2CH-$ $-C(CH_3)_3$

6. 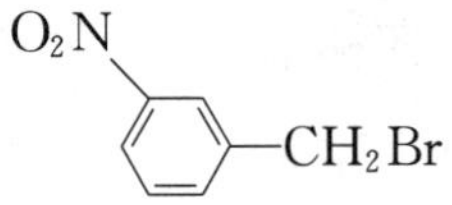 O_2N $-CH_2Br$

7.

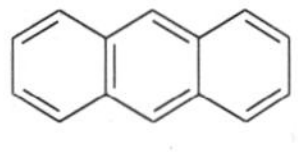

8.

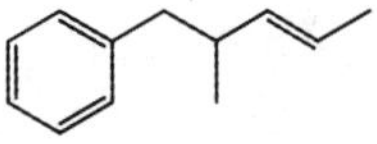

9. 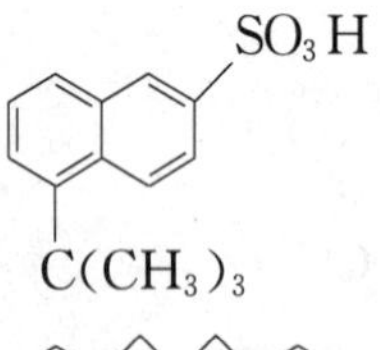 SO_3H $C(CH_3)_3$

10.

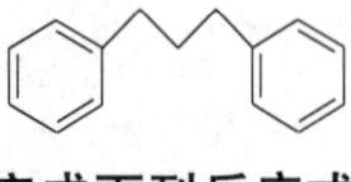

三、完成下列反应式

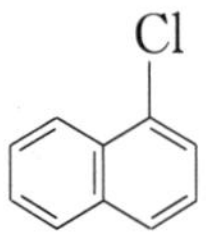

1. 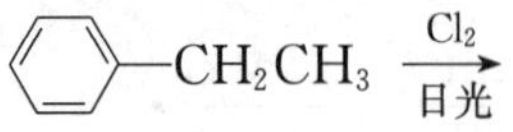 $-CH_2CH_3 \xrightarrow[\text{日光}]{Cl_2}$

2. $-CH_3 \xrightarrow[\triangle]{\text{浓 } H_2SO_4}$

3. $\xrightarrow[H^+ \triangle]{KMnO_4}$

4. $-C(CH_3)_3 \xrightarrow[Fe\triangle]{Br_2}$

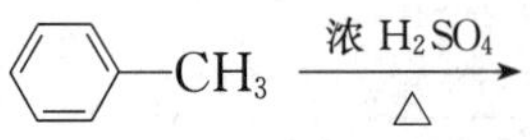

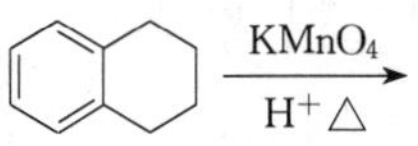

5. $(H_3C)_3C-C_6H_4-CH(CH_3)_2 \xrightarrow[H^+ \triangle]{KMnO_4}$

6. $C_6H_6 \xrightarrow[\text{无水 } AlCl_3]{CH_3CH_2CH_2Cl}$

7. $C_6H_6 \xrightarrow[\text{无水 } AlCl_3]{CH_3CH_2C(=O)Cl}$

8. $C_6H_5-CN \xrightarrow[FeCl_3 \triangle]{Cl_2}$

9. (间-甲基)$H_3C-C_6H_4-CH_2CH_3 \xrightarrow{K_2Cr_2O_7}$

10. $H_3C-C_6H_4-SO_3H \xrightarrow[\text{浓 } H_2SO_4 \triangle]{\text{发烟 } HNO_3}$

11. $C_6H_5-CH{=}CHCH_3 \xrightarrow[H^+ \triangle]{KMnO_4}$

12. 萘 $\xrightarrow[FeBr_3 \triangle]{Br_2}$

13. $C_6H_5-CH{=}CH_2 \xrightarrow{HCl}$

14. $C_6H_5-CH_2CH_2CH_2C(=O)Cl \xrightarrow{\text{无水 } AlCl_3}$

15. $C_6H_5-C{\equiv}CH \xrightarrow[NH_3]{AgNO_3}$

四、结构推导

1. 化合物 A、B 和 C 的分子式都是 C_9H_{12}，氧化时 A 得一元酸，B 得二元酸，C 得三元酸。进行硝化时，A 和 B 分别主要得到两种一硝基化合物，而 C 只得到一种一硝基化合物，试写出 A、B、C 的所有可能结构。

2. 化合物 A 的分子式是 C_9H_8，与 $Cu(NH_3)_2Cl$ 水溶液反应生成砖红色沉淀，在温和条件下，A 与 H_2/Pd 反应生成 B，B 的分子式是 C_9H_{12}，B 与 $KMnO_4/H^+$ 反应生成 C，C 的分子式是 $C_8H_6O_4$，B 进行溴代时，主要生成两种一溴代产物。试写出 A、B、C 的所有可能结构。

参考答案

一、单选题

1. C 2. E 3. C 4. E 5. D 6. C 7. B 8. E 9. A 10. C

二、用系统命名法命名下列化合物

1. 乙苯　　2. 1-氯萘

3. 2,4,6-三硝基甲苯

4. 4-氯苯乙烯

5. 2-丙基-4-异丙基-1-叔丁基苯

6. 3-硝基苯甲基溴

7. 蒽

8. 4-甲基-5-苯基-2-戊烯

9. 5-叔丁基-2-萘磺酸

10. 1,3-二苯基丙烷

三、完成下列反应式

1. 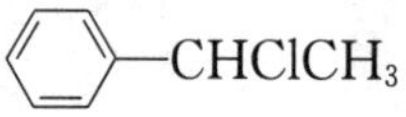 —$CHClCH_3$

2. SO_3H　—CH_3 + CH_3　SO_3H

3. COOH　COOH

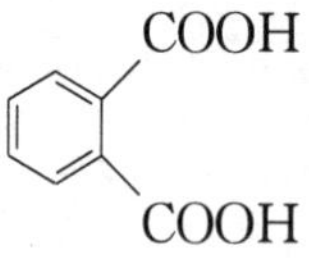

4. 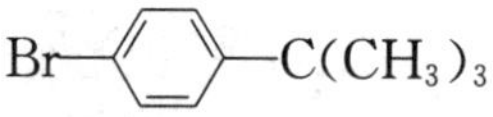 Br— —$C(CH_3)_3$

5. 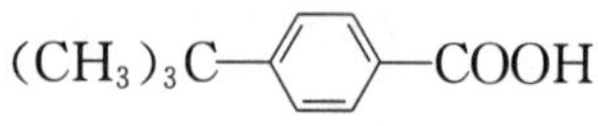 $(CH_3)_3C$— —COOH

6.  —$CH(CH_3)_2$

7. 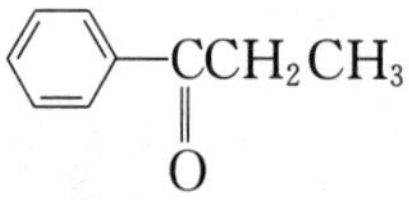 —CCH_2CH_3　O

8. 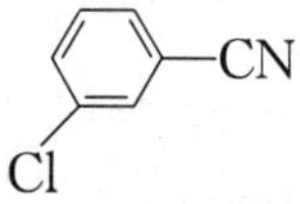 —CN　Cl

9. 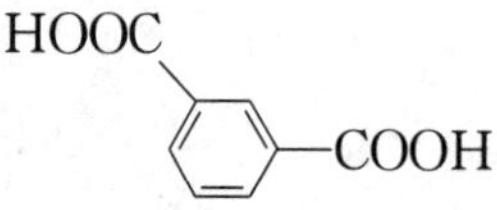 HOOC　—COOH

10. 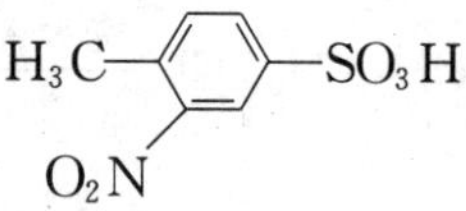 H_3C— —SO_3H　O_2N

11. 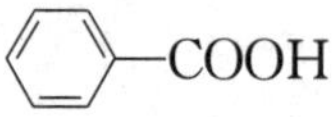 —COOH

12. 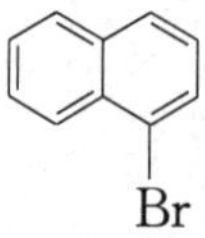 Br

13. 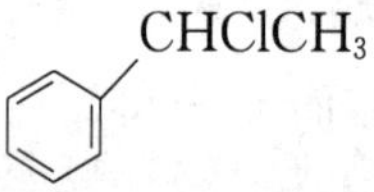 $CHClCH_3$

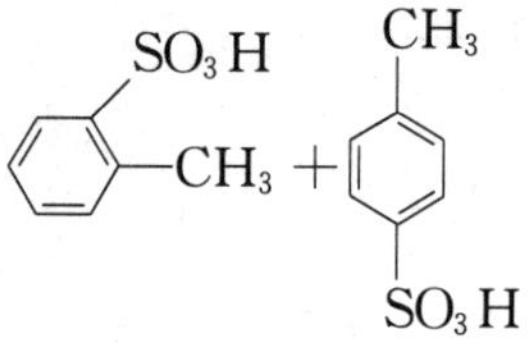

14. 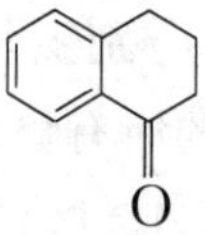 O

15. 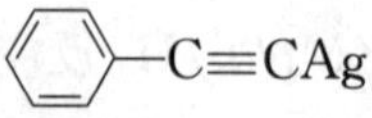 —C≡CAg

四、结构推导

1. A：—$CH_2CH_2CH_3$ 或 —$CH(CH_3)_2$

B：H_3C— —CH_2CH_3 或 —CH_2CH_3　CH_3

C：H_3C　—CH_3　H_3C

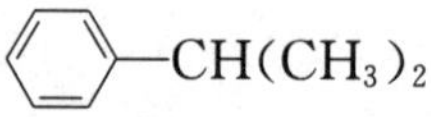

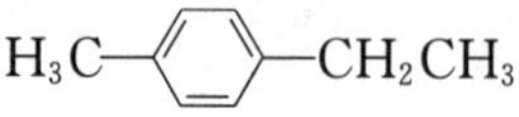

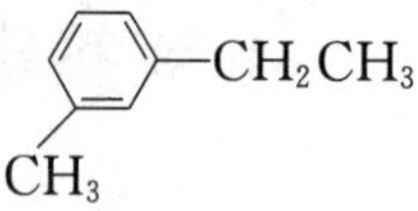

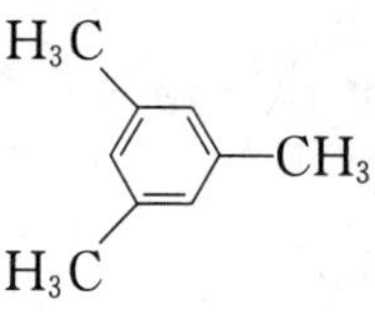

2. A：$H_3C-C_6H_4-C\equiv CH$（对位）或 $H_3C-C_6H_4-C\equiv CH$（间位）

B：$H_3C-C_6H_4-CH_2CH_3$（对位）或 $H_3C-C_6H_4-CH_2CH_3$（间位）

C：$HOOC-C_6H_4-COOH$（对位）或 $HOOC-C_6H_4-COOH$（间位）

（朱　荔）

第五章　卤代烃

小　结

1. 根据卤代烃分子中烃基的不同，卤代烃可分为脂肪族卤代烃(饱和卤代烃和不饱和卤代烃)、脂环族卤代烃、芳香族卤代烃。

饱和卤代烃中，根据卤原子所连饱和碳原子的类型，分为伯卤代烃，仲卤代烃和叔卤代烃。

不饱和卤代烃中，卤素与碳碳双键直接相连的卤代烃称为乙烯型卤代烃，与碳碳双键之间间隔一根键的卤代烃称为烯丙型卤代烃。

卤代芳烃中，卤素与苯环直接相连的卤代烃称为苯基型卤代烃，与芳环间隔一根键的卤代烃称为苄基型卤代烃。

2. 简单卤代烃可命名为“某烃基卤”或“卤代某烃”。复杂的卤代烃用系统命名法命名。要注意的是：卤素虽为卤代烃的官能团，但命名时卤素只作为取代基。

有些卤代烃常用俗名，如氯仿($CHCl_3$)、碘仿等(CHI_3)。

3. 卤代烃的取代反应：卤代烃可以和 NaOH 或 KOH、KCN 或 NaCN、$AgNO_3$、NH_3 等亲核试剂发生亲核取代反应；

卤代烃与 NaOH 或 KOH 的水溶液共热，卤素被羟基取代生成醇(即碱性水解反应)；

卤代烃与 KCN 或 NaCN 的醇溶液共热，卤素被氰基取代生成腈；

卤代烃与 $AgNO_3$ 的醇溶液共热，卤素被硝酰氧基取代生成硝酸酯。

4. 卤代烃的消除反应：卤代烃与 NaOH 或 KOH 的醇溶液共热，脱去卤化氢生成烯烃。

卤代烃的消除反应遵循查依采夫规则：主要产物为双键碳原子上连有最多烃基的烯烃。消除反应的速率顺序是：叔卤代烷＞仲卤代烷＞伯卤代烷。

卤代烯烃或卤代芳烃的消除反应生成共轭烯烃为主产物。

查依采夫规则和速率顺序可以从以下三方面理解：(1) β-H 越多，反应活性越大；(2) 产物的稳定性(σ-π 超共轭效应的强弱)；(3) 碳正离子的稳定性。

5. 单分子亲核取代反应历程，用 S_N1 表示，反应分两步进行，首先碳卤键异裂生成活性中间体——碳正离子(此步所需活化能较高，为慢反应。因为此步只有一个分子参加，故称单分子亲核取代反应)；然后与亲核试剂结合生成产物，动力学上属一级反应。

双分子亲核取代反应历程，用 S_N2 表示，反应一步完成，旧键的断裂与新键的形成同时进行；产物的构型翻转，动力学上属二级反应。

6. 不同的卤代烃趋向于不同的反应历程，卤代烷烃反应活性的规律可以总结为：

$$\text{按 } S_N1 \text{ 活性} \xrightarrow{\text{小}\qquad\qquad\qquad\text{大}}$$

CH_3X，伯卤代烷，仲卤代烷，叔卤代烷

$$\text{按 } S_N2 \text{ 活性} \xleftarrow[\text{大}\qquad\qquad\qquad\text{小}]{}$$

卤素对反应速度也有一定的影响，无论按 S_N1 还是 S_N2 历程，卤代烷烃反应速度顺序都为：R—I＞R—Br＞R—Cl。

三类卤代烯烃中卤原子的活泼性顺序：烯丙基型卤代烃＞一般型卤代烃＞乙烯型卤代烃。

习　题

一、单选题

1. 下列化合物按 S_N1 历程反应，活性最大的是：（　　）

A. 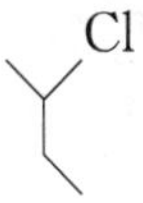 Cl　　B.  Cl　　C. 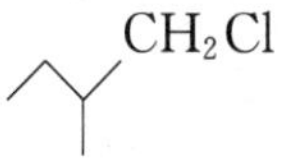 CH_2Cl

D. 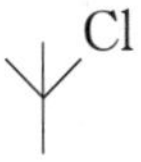 Cl　　E. CH_3Cl

2. 下列化合物按 S_N2 历程反应，活性最大的是：（　　）

A.  Br　　B.  Br　　C. 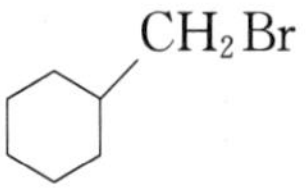 CH_2Br

D. 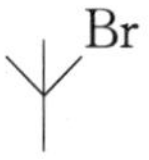 Br　　E. CH_3Br

3. 下列化合物在 KOH 的醇溶液中脱 HCl，最容易的是：（　　）

A. $CH_3CH_2CH_2Cl$　　B. $CH_2=CHCH_2CH_2Cl$　　C. $CH_3CH(CH_3)CH_2Cl$

D. $CH_3CH_2CH(CH_3)Cl$　　E. $CH_3C(CH_3)(Cl)CH_3$

4. 试预测当 X 分别为(a) H，(b) Cl，(c) NO_2，(d) CH_3，(e) OCH_3 时，X—$C_6H_4CH_2Br$（X 与 CH_2Br 处于苯环的对位）进行 S_N1 反应历程时，反应活性递减的顺序是：（　　）

A. (b)＞(e)＞(d)＞(c)＞(a)　　B. (e)＞(a)＞(d)＞(c)＞(b)

C. (e)＞(d)＞(a)＞(b)＞(c)　　D. (d)＞(e)＞(a)＞(b)＞(c)

E. (c)＞(b)＞(a)＞(e)＞(d)

5. 结构式如下的化合物中，(a)、(b)、(c)三个溴在碱溶液中进行水解时，下面叙述正确的是：（　　）

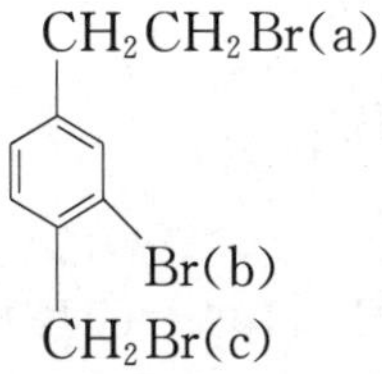

CH_2CH_2Br(a)

Br(b)

CH_2Br(c)

A. (a)与(c)相当　B. (b)最易　C. (a)、(b)、(c)相当
D. (a)最易　E. (c)最易

6. 下列化合物可称为二氯苯甲烷的是：（　　）

A. 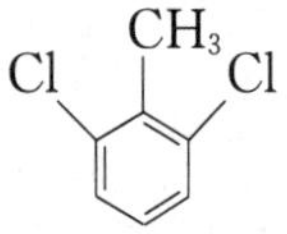 2,6-二氯甲苯（CH_3 两侧邻位各有一个 Cl）　B. $C_6H_5CHCl_2$　C. 3,5-二氯甲苯（CH_3 间位各有一个 Cl）

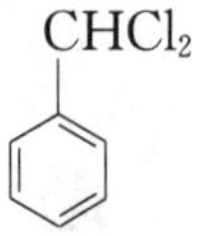

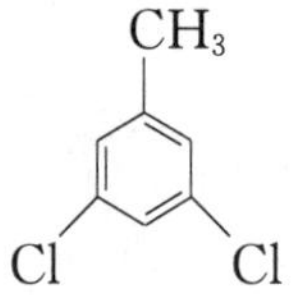

D. 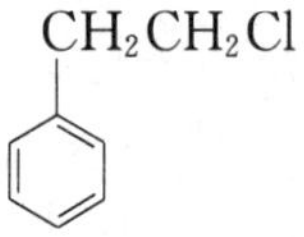 $C_6H_5CH_2CH_2Cl$　E. 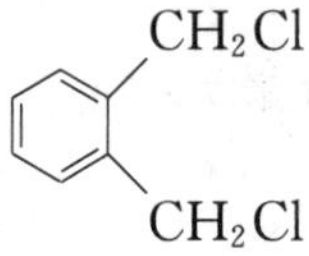 邻位二取代苯（两个 CH_2Cl）

7. 下列各式中，哪一个是卤代烃的 S_N1 历程的反应速度方程式？（　　）

A. $v=k[RX][OH^-]$　B. $v=k[RX]$　C. $v=k[RX]^2$
D. $v=k[RX]^2[OH^-]$　E. $v=k[RX][OH^-]^2$

8. 下图示意的是哪一种电子效应：（　　）

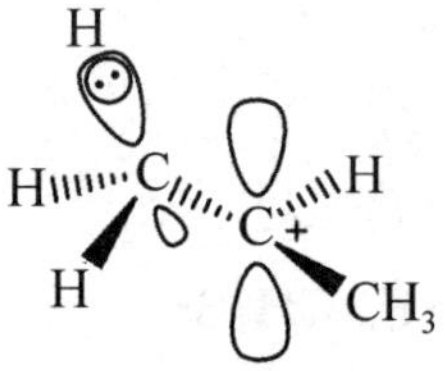

[图示：CH_3、H、C^+ 与 CH_2 中 C—H σ 键与空 p 轨道的重叠；标注 H、C、C^+、CH_3]

A. σ-p 超共轭　B. σ-π 超共轭　C. p-π 共轭
D. π-π 共轭　E. +I 效应

9. 对溴代烷在碱溶液中水解的 S_N2 反应历程的特点不正确的描述是：（　　）

A. 亲核试剂 OH^- 首先从远离溴的背面向中心碳原子靠拢
B. S_N2 反应是一步完成的
C. 反应过程中旧键(C—Br)的断裂和新键(O—C)的形成是同时进行的
D. S_N2 历程是从反应物经过中间体而转变成生成物
E. S_N2 历程能发生 α-碳原子的构型转化

10. 下列化合物与 $AgNO_3$ 的醇溶液反应生成白色沉淀，由易到难的正确顺序是：（　　）

(a) 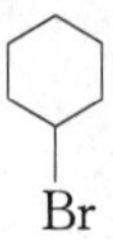 溴代环己烷　(b) $C_6H_5CH_2Br$　(c) 1-溴环己烯（Br 连在双键碳上）　(d) CH_3CH_2Br

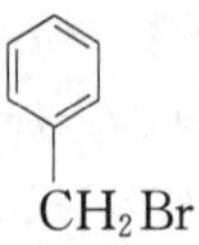

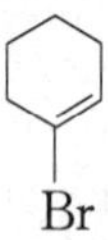

A. (b)>(a)>(d)>(c)　B. (a)>(d)>(b)>(c)　C. (c)>(d)>(b)>(a)
D. (b)>(c)>(a)>(d)　E. (d)>(c)>(b)>(a)

11. 若只从超共轭效应衡量，其中最稳定的烯烃是：（　　）

A. $H_2C=CH_2$　B. 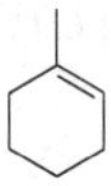 1-甲基环己烯　C.  环己烯
D. 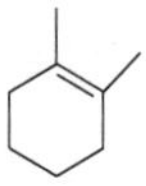 1,2-二甲基环己烯　E. $H_2C=CHCH_3$

12. 下列推断中，正确的是：（　　）

A. $(C_2H_5)_2CBrCH_3$ 消除反应的主要产物是$(C_2H_5)_2C{=}CH_2$

B. 1-Cl-1-CH_3-2-CH_3-环戊烷 消除反应的主要产物是 1-亚甲基($=CH_2$)-2-CH_3-环戊烷

C. $Cl{-}C(CH_3)_2{-}C_6H_{11}$（环己基） 消除反应的主要产物是 $H_2C{=}C(CH_3){-}C_6H_{11}$（环己基）

D. $C_6H_5CH_2CHClCH(CH_3)_2$ 消除反应的主要产物是 $C_6H_5CH{=}CHCH(CH_3)_2$

E. $CH_3CH_2CBr(CH_3)CH_3$ 消除反应的主要产物是 $CH_3CH_2C(CH_3){=}CH_2$

13. 下列化合物中属于苯基型卤代烃的是：（　　）

A. $C_6H_5CH_2Cl$　　B. C_6H_5Cl　　C. $C_6H_5CH_2Cl$

D. $C_6H_5CHClCH_3$　　E. $C_6H_5CH_2F$

14. 叔丁基溴在碱性溶液中的水解反应是一级反应，该反应的能量曲线图中表示了五个方面的能量，其中 c 所代表的是：（　　）

A. $(CH_3)_3C{-}OH$　　B. $(CH_3)_3C{-}Br$

C. $[(CH_3)_3C^{\delta+}\cdots Br^{\delta-}]$　　D. $[(CH_3)_3C^{\delta+}\cdots OH^{\delta-}]$

E. $(CH_3)_3C^+$

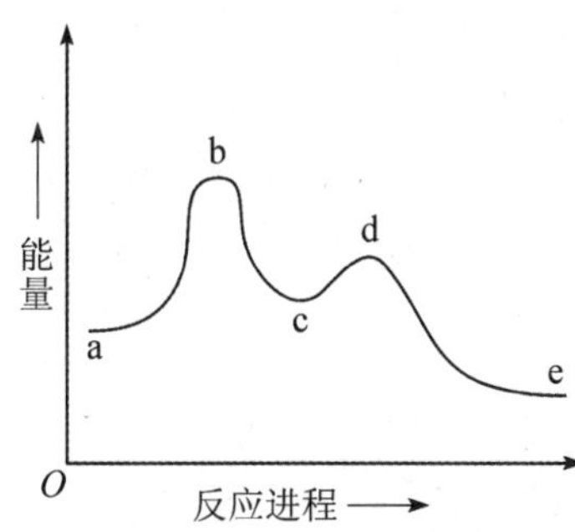

15. $CCl_2{=}C{=}CCl_2$ 分子中碳原子的杂化叙述正确的是：（　　）

A. 都是 sp^2 杂化　　B. 有 sp 和 sp^3 两种杂化状态

C. 有 sp 和 sp^2 两种杂化状态　　D. 有 sp、sp^2 和 sp^3 三种杂化状态

E. 有 sp^3 和 sp^2 两种杂化状态

二、用系统命名法命名下列化合物

1. 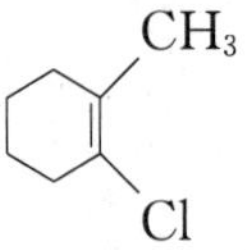 CH_3 Cl

2. Br, I—C—Br, I

3. Cl

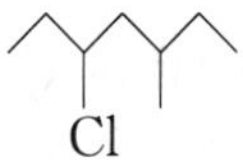

4. 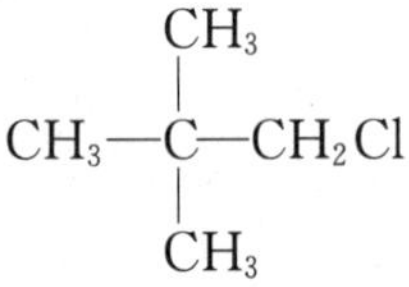 CH_3, $CH_3—C—CH_2Cl$, CH_3

5. 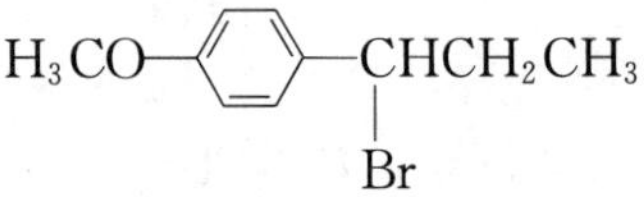 $H_3CO—C_6H_4—CHCH_2CH_3$, Br

6. $H_2C=CHCHClCH_2C_6H_5$

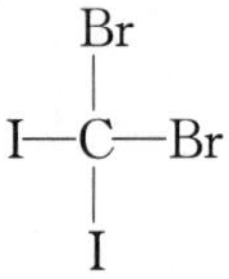

7. 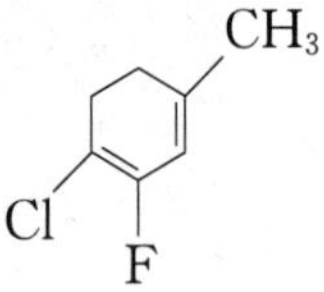 CH_3 Cl F

8. 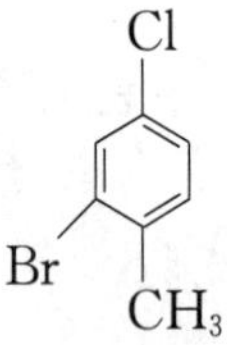 Cl Br CH_3

9. 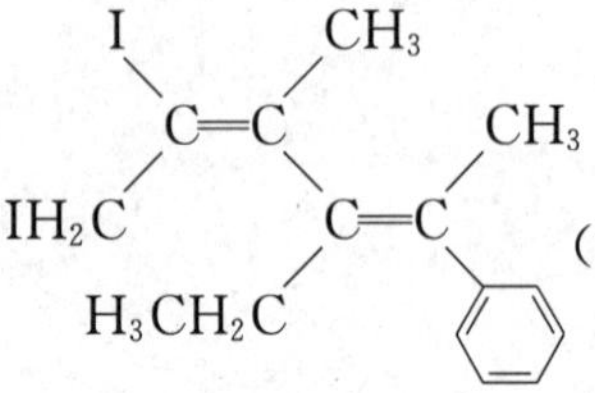 I, CH_3, C=C, CH_3, IH_2C, C=C, H_3CH_2C　(Z/E)

10. 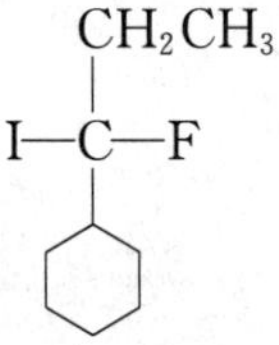 CH_2CH_3, I—C—F

三、完成下列反应式

1. $C_6H_5CH_2Cl+NaCN \longrightarrow$

2. $(CH_3CH_2)_3CBr \xrightarrow[CH_3ONa]{CH_3OH}$

3. $CH_3CH_2CH_2Cl + (CH_3)_3CONa \longrightarrow$

4. $CH_2{=}CHCH_2Cl + CH_3COONa \longrightarrow$

5. 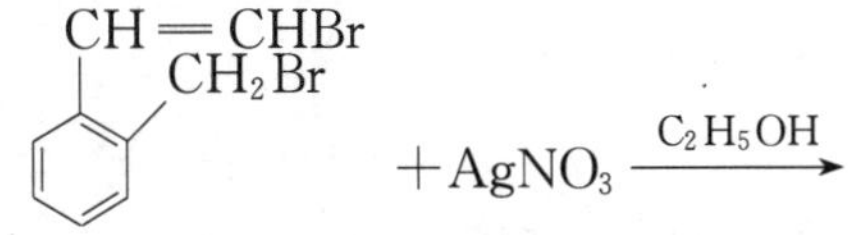 (邻位含 CH=CHBr 和 CH_2Br 的苯) $+ AgNO_3 \xrightarrow{C_2H_5OH}$

6. $CH_2{=}CHCH_2I \xrightarrow[C_2H_5OH]{NaCN}$

7. 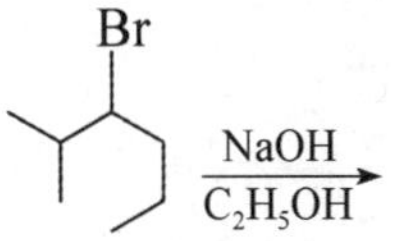 (Br 取代的支链烷烃) $\xrightarrow[C_2H_5OH]{NaOH}$

8. 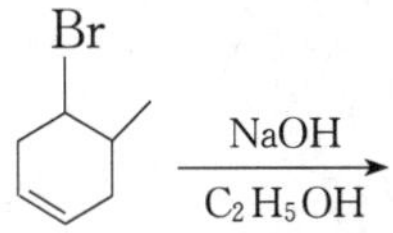 (Br 取代的甲基环己烯) $\xrightarrow[C_2H_5OH]{NaOH}$

9. 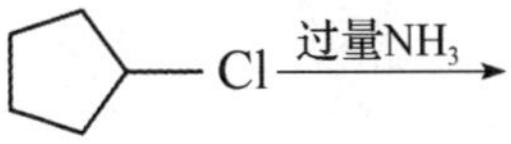 (环戊基)—Cl $\xrightarrow{过量NH_3}$

10. 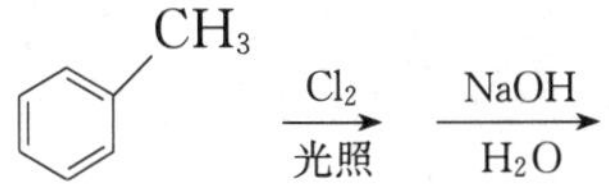 (甲苯，CH_3) $\xrightarrow[光照]{Cl_2} \xrightarrow[H_2O]{NaOH}$

四、结构推导

1. 有一化合物 A，分子式为 C_4H_9Cl。当用 $NaOH/C_2H_5OH$ 处理后得 $B(C_4H_8)$，B 与 Br_2/CCl_4 反应得 $CH_3CHBrCHBrCH_3$。试写出 A、B 的结构式。

2. 化合物 $A(C_{10}H_{11}Br)$ 能使 $KMnO_4$ 溶液褪色，与 Br_2/CCl_4 作用生成 $C_{10}H_{11}Br_3$。A 与 $KMnO_4/H_2SO_4$ 作用得到 B 和 C，B 是一个酮，C 的分子式为 $C_7H_5O_2Br$，C 进行硝化反应主要得到下列两个一硝基化合物。试推出 A、B、C 的结构。

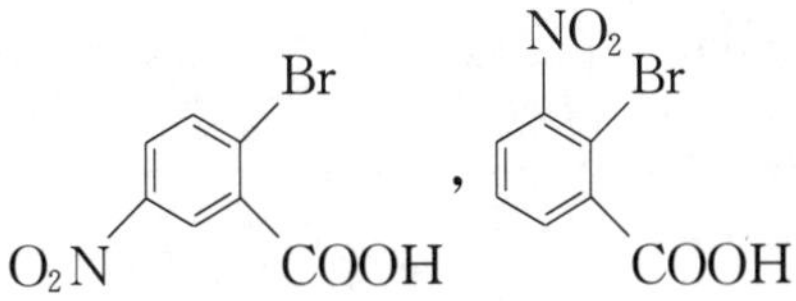

(2-溴-5-硝基苯甲酸：Br，COOH，O_2N)，(2-溴-3-硝基苯甲酸：NO_2，Br，COOH)

参考答案

一、单选题

1. D 2. E 3. B 4. C 5. E 6. B 7. B 8. A 9. D 10. A 11. D 12. D 13. B 14. E 15. C

二、用系统命名法命名下列化合物

1. 1-甲基-2-氯-1-环己烯
2. 二溴二碘甲烷
3. 3-甲基-5-氯庚烷
4. 2,2-二甲基-1-氯丙烷
5. 1-(4-甲氧基苯基)-1-溴丙烷
6. 4-苯基-3-氯-1-丁烯
7. 4-甲基-2-氟-1-氯-1,3-环己二烯
8. 4-氯-2-溴甲苯

9. (2E,4E)-3-甲基-4-乙基-5-苯基-1,2-二碘-2,4-己二烯

10. 1-环己基-1-氟-1-碘丙烷

三、完成下列反应式

1. $C_6H_5CH_2CN$

2. 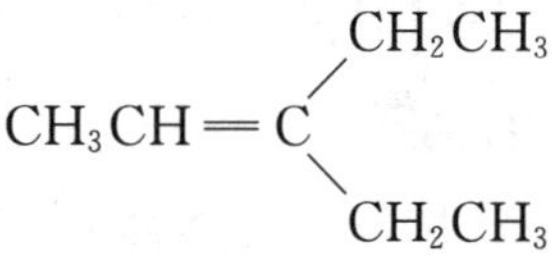 $CH_3CH{=}C(CH_2CH_3)_2$

3. $CH_3CH_2CH_2OC(CH_3)_3$

4. $CH_2{=}CHCH_2OCOCH_3$

5. 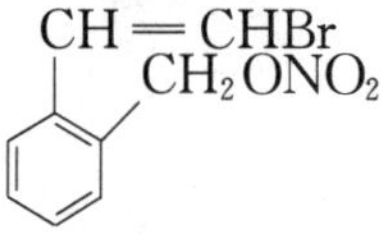 $CH{=}CHBr$ CH_2ONO_2

6. $CH_2{=}CHCH_2CN$

7.

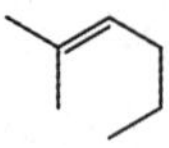

8.

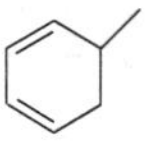

9. 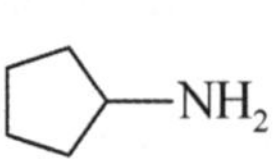 $-NH_2$

10. 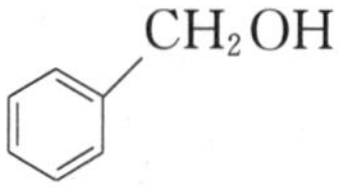 CH_2OH

四、结构推导

1. A：$CH_3CH_2CHCH_3$（Cl 连于 CH）

B：$H(CH_3)C{=}C(CH_3)H$　　$H(CH_3)C{=}C(H)CH_3$

2. A：Br　$CH{=}C(CH_3)_2$

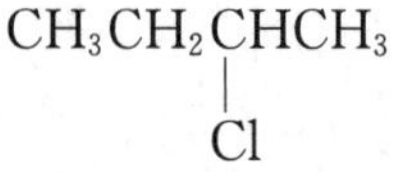

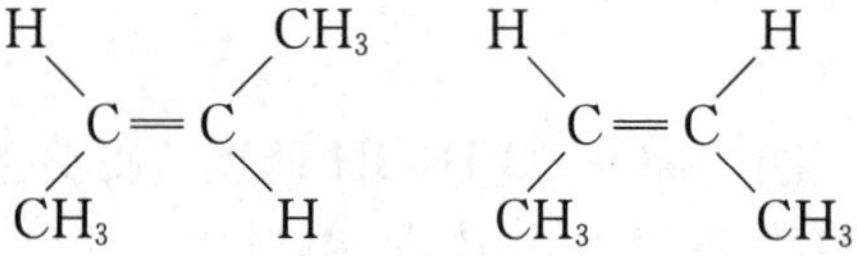

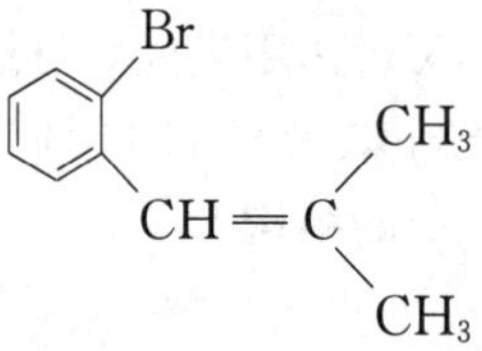

B：CH_3COCH_3

C：Br　COOH

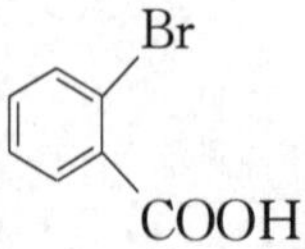

（张振琴）

第六章　立体化学

小　结

1. 注意几组概念的区分：

构型异构和构象异构；对映异构、光学异构和旋光异构；旋光度和比旋光度；旋光性和手性；左旋和右旋；(＋)和(－)；d 和 l；对映体和非对映体；D/L 构型标记；R/S 构型标记；外消旋体和内消旋体。

2. 手性分子：物质的分子与其镜像不能完全重叠，它们之间相当于左手和右手的关系，这种特征被称为物质的手性。具有手性的分子称为手性分子。

3. 对称面：能将分子分成互为实物和镜像两部分的平面称为分子的对称面。

4. 对称中心：从分子中任何一原子或基团向分子的中心作连线，延长此连线至等距离处，若出现相同的原子或基团，该点称为分子的对称中心。

有对称面或对称中心的化合物是非手性分子，没有对映异构体，没有旋光性。

既无对称面又无对称中心的化合物是手性分子，有对映异构体，有旋光性。

5. 手性碳原子：连有四个不相同原子或基团的碳原子称为手性碳原子，用“* C”表示。

6. 旋光性物质：平面偏振光通过某些物质时，能使偏振光的振动平面发生旋转的性质称为旋光性。

7. 比旋光度：物质旋光能力的大小用旋光度 α 和比旋光度$[\alpha]_{\lambda}^{t}$ 表示。旋光度是指旋光性物质使偏振光的振动平面旋转的度数；比旋光度则是在规定的温度下，使用一定波长的光源，物质的浓度为 g/mL，盛液管长度为 1 dm 时测得的旋光度。

比旋光度是旋光物质的一个物理常数；旋光度按旋光方向分为右旋和左旋，分别用(＋)和(－)或 d 和 l 表示。

8. 对映体：彼此呈实物与镜像的对映关系，但又不能完全重叠的一对旋光异构体称为对映异构体，简称对映体。分子有手性，就存在对映异构体。对映异构体的物理性质和化学性质(不涉及手性试剂、手性环境)一般都相同，比旋光度相等，但旋光方向相反。

9. 外消旋体：等量对映体的混合物称为外消旋体，通常用“±”表示。外消旋体无旋光性，外消旋体与其左/右旋体的物理性质有差异。

含有一个手性碳原子的化合物，由于不具有对称面和对称中心，所以一定具有旋光性；有两个旋光异构体，一个左旋体，一个右旋体，为一对对映异构体。等量对映体混合组成外消旋体。

10. 费歇尔投影式的书写方法：横、竖两条直线的交点代表手性碳原子，位于纸平面上，横线表示与手性碳相连的两个键指向纸平面的前方，竖线表示指向纸平面的后方，即“横前竖后”。

11. 旋光异构体构型的标记方法

D/L 相对构型标记法：以甘油醛作为标准化合物，规定甘油醛的标准 Fischer 投影式中羟基在右边的为 D-构型，羟基在左边的为 L-构型。

R/S 绝对构型标记法：按照次序规则，将手性碳原子上的四个原子或基团按照优先次序排列，将优先次序最小的原子或基团放在离眼睛最远的位置，其余三个原子或基团放在离眼睛最近的平面上，若其余三个基团由大到小顺时针排列，则为 R-构型；反之，则为 S-构型。

构型 D/L、R/S 与旋光方向(＋)、(－)无必然联系。D/L、R/S 是构型标记方法，而(＋)、(－)表示旋光方向，是通过旋光仪测定出的。

12. 分子的手性是分子产生旋光性的根本原因；

分子中含有手性碳原子，未必就是手性分子(如内消旋体酒石酸)；

分子中不含有手性碳原子，未必不是手性分子(如 2，3-戊二烯)；

手性碳原子是使一个分子有可能存在手性的一个最常见的原因；

分子中如只存在一个手性碳原子，该分子一定是手性分子。

习　题

一、单选题

1. 具有 n 个不同手性碳原子的化合物，能产生旋光异构体的数目为：　(　　)

A. 至少 2^n 个　　B. 至多 2^n 个　　C. 有 2^n 个

D. 必少于 2^n 个　　E. 多于 2^n 个

2. D-(＋)-甘油醛经温和氧化，生成的甘油酸是左旋的，此甘油酸应为：　(　　)

A. D-(＋)-甘油酸　　B. D-(－)-甘油酸　　C. L-(＋)-甘油酸

D. L-(－)-甘油酸　　E. (±)-甘油酸

3. 下列化合物中既能产生旋光异构，又能产生顺反异构的是：　(　　)

A. $H_3C—C(CH_3)=C(Br)—CH_3$　　B. $H_3C—CH(Br)CH=CH—CH_3$

C. $CH_3CH_2CH(Br)CH_3$　　D. $CH_3CH_2C(Br)=CHCH_2CH_3$

E. $CH_3C(Br)(CH_3)CH=CHCH_3$

4. 2-氟-3-氯丁烷可能的旋光异构体数目为：　(　　)

A. 2 个　　B. 3 个　　C. 4 个

D. 5 个　　E. 6 个

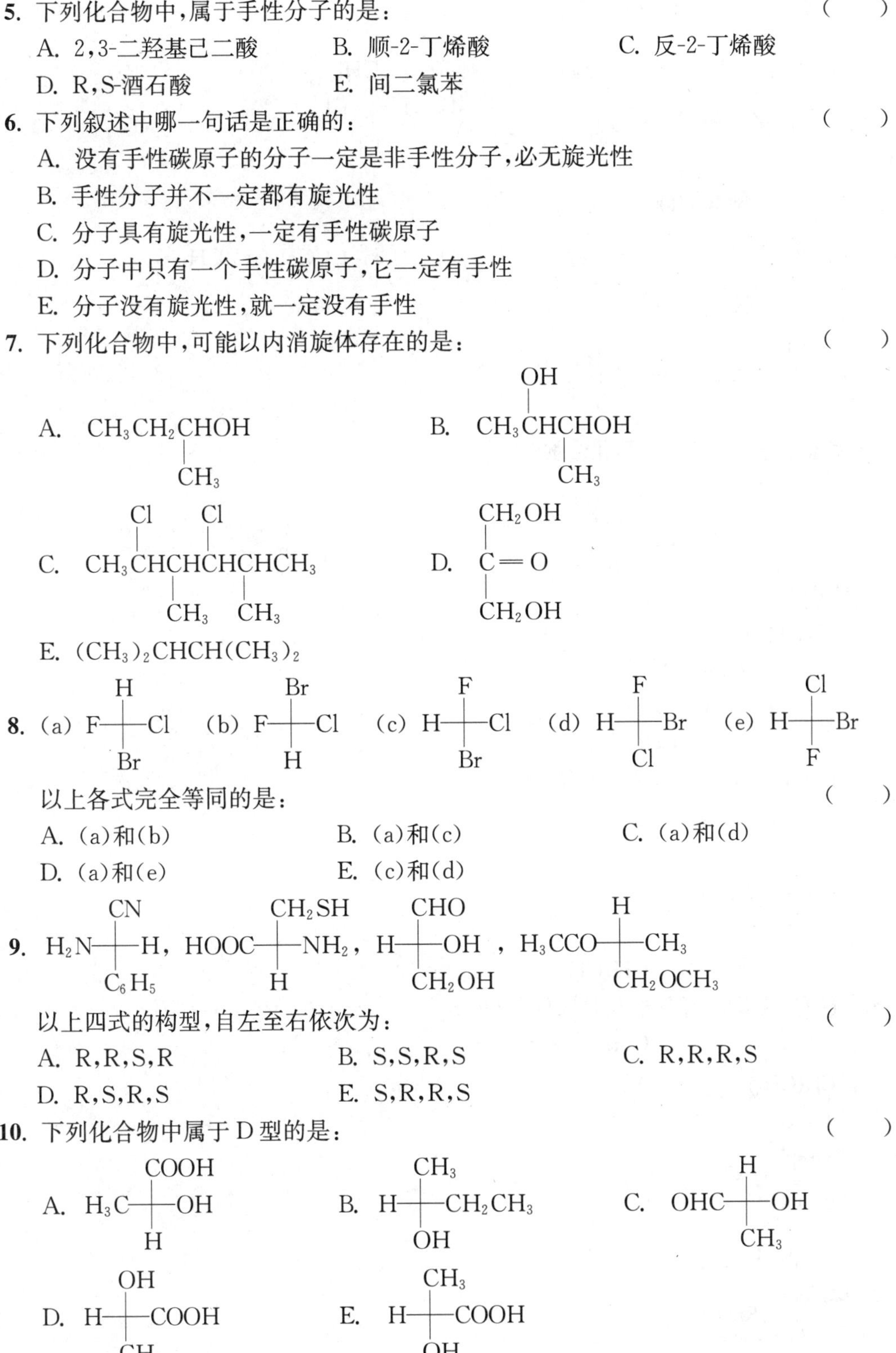

5. 下列化合物中，属于手性分子的是：（　　）

A. 2,3-二羟基己二酸　　B. 顺-2-丁烯酸　　C. 反-2-丁烯酸

D. R,S-酒石酸　　E. 间二氯苯

6. 下列叙述中哪一句话是正确的：（　　）

A. 没有手性碳原子的分子一定是非手性分子，必无旋光性

B. 手性分子并不一定都有旋光性

C. 分子具有旋光性，一定有手性碳原子

D. 分子中只有一个手性碳原子，它一定有手性

E. 分子没有旋光性，就一定没有手性

7. 下列化合物中，可能以内消旋体存在的是：（　　）

A. $\begin{array}{l} CH_3CH_2CHOH \\ \quad\quad\quad | \\ \quad\quad\quad CH_3 \end{array}$　　B. $\begin{array}{l} \quad\quad OH \\ \quad\quad | \\ CH_3CHCHOH \\ \quad\quad\quad | \\ \quad\quad\quad CH_3 \end{array}$

C. $\begin{array}{l} \quad\quad Cl \quad Cl \\ \quad\quad | \quad\;\; | \\ CH_3CHCHCHCHCH_3 \\ \quad\quad\quad | \quad\;\; | \\ \quad\quad\quad CH_3 \; CH_3 \end{array}$　　D. $\begin{array}{l} CH_2OH \\ | \\ C=O \\ | \\ CH_2OH \end{array}$

E. $(CH_3)_2CHCH(CH_3)_2$

8. (a) $\begin{array}{c} H \\ F-\!\!\!+\!\!\!-Cl \\ Br \end{array}$　(b) $\begin{array}{c} Br \\ F-\!\!\!+\!\!\!-Cl \\ H \end{array}$　(c) $\begin{array}{c} F \\ H-\!\!\!+\!\!\!-Cl \\ Br \end{array}$　(d) $\begin{array}{c} F \\ H-\!\!\!+\!\!\!-Br \\ Cl \end{array}$　(e) $\begin{array}{c} Cl \\ H-\!\!\!+\!\!\!-Br \\ F \end{array}$

以上各式完全等同的是：（　　）

A. (a)和(b)　　B. (a)和(c)　　C. (a)和(d)

D. (a)和(e)　　E. (c)和(d)

9. $\begin{array}{c} CN \\ H_2N-\!\!\!+\!\!\!-H \\ C_6H_5 \end{array}$，$\begin{array}{c} CH_2SH \\ HOOC-\!\!\!+\!\!\!-NH_2 \\ H \end{array}$，$\begin{array}{c} CHO \\ H-\!\!\!+\!\!\!-OH \\ CH_2OH \end{array}$，$\begin{array}{c} H \\ H_3CCO-\!\!\!+\!\!\!-CH_3 \\ CH_2OCH_3 \end{array}$

以上四式的构型，自左至右依次为：（　　）

A. R,R,S,R　　B. S,S,R,S　　C. R,R,R,S

D. R,S,R,S　　E. S,R,R,S

10. 下列化合物中属于D型的是：（　　）

A. $\begin{array}{c} COOH \\ H_3C-\!\!\!+\!\!\!-OH \\ H \end{array}$　　B. $\begin{array}{c} CH_3 \\ H-\!\!\!+\!\!\!-CH_2CH_3 \\ OH \end{array}$　　C. $\begin{array}{c} H \\ OHC-\!\!\!+\!\!\!-OH \\ CH_3 \end{array}$

D. $\begin{array}{c} OH \\ H-\!\!\!+\!\!\!-COOH \\ CH_3 \end{array}$　　E. $\begin{array}{c} CH_3 \\ H-\!\!\!+\!\!\!-COOH \\ OH \end{array}$

11. 下列化合物中具有旋光性的是：　　　　　　　　　　　　　　　　　　(　　)

A. 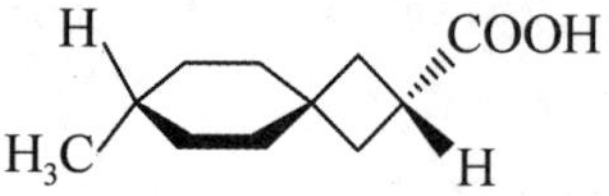 (structure: spiro compound with H, H_3C, COOH, H)

B. 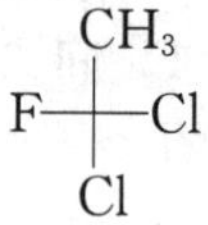 Fischer projection: CH_3 (top), F (left), Cl (right), Cl (bottom)

C. 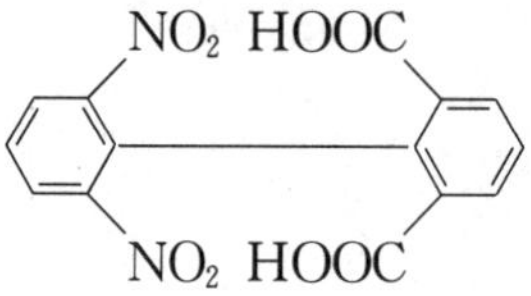 (structure: biphenyl with two NO_2 and two HOOC groups)

D. 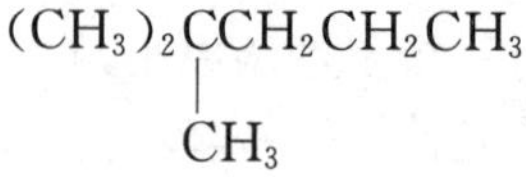 $(CH_3)_2CCH_2CH_2CH_3$ with CH_3 on C

E. 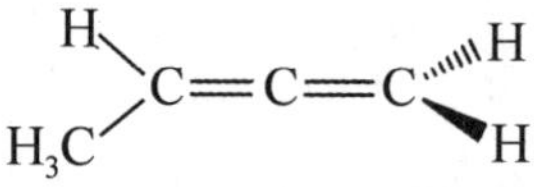 H, H_3C >C=C=C< H, H

二、用系统命名法命名下列化合物

1. 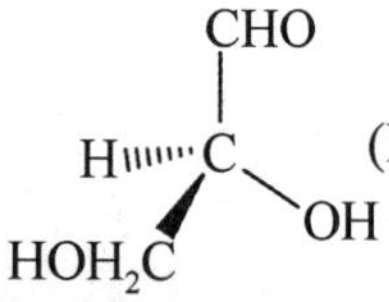 (structure: C with CHO, H, OH, HOH_2C)　(D/L)

2. 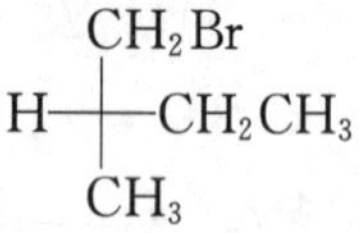 Fischer projection: CH_2Br (top), H (left), CH_2CH_3 (right), CH_3 (bottom)　(R/S)

3. 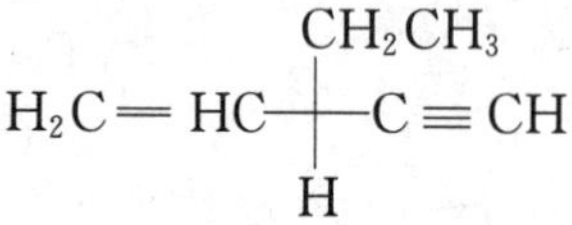 $H_2C=HC$—C(—$C\equiv CH$) with CH_2CH_3 (top), H (bottom)　(R/S)

4. 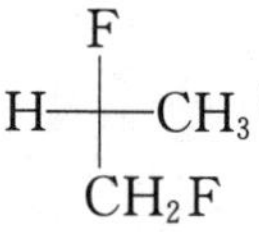 Fischer projection: F (top), H (left), CH_3 (right), CH_2F (bottom)　(R/S)

5. 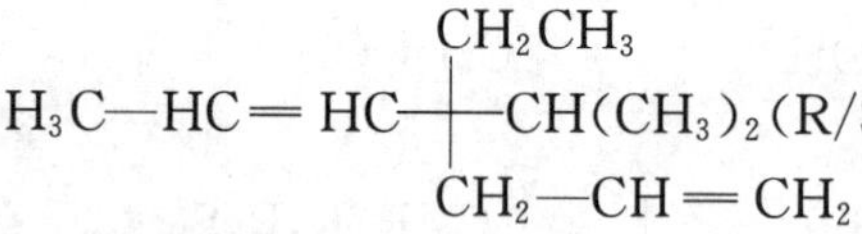 $H_3C—HC=HC$—C(—$CH(CH_3)_2$) with CH_2CH_3 (top), $CH_2—CH=CH_2$ (bottom)　(R/S)

6. 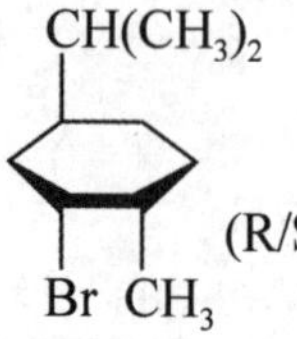 (structure: cyclohexane with $CH(CH_3)_2$, Br, CH_3)　(R/S)

7. 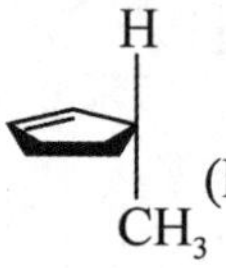 (structure: cyclopentene with H, CH_3)　(R/S)

8. 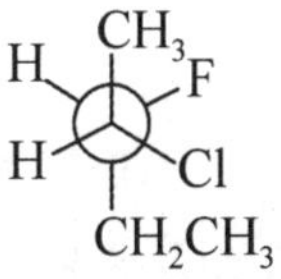 (R/S)

9. 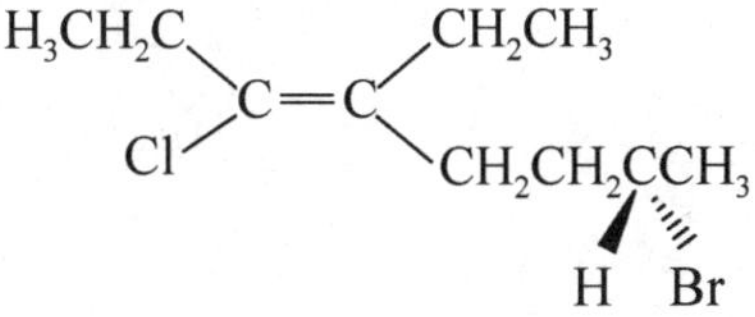 (Z/E) (R/S)

10. 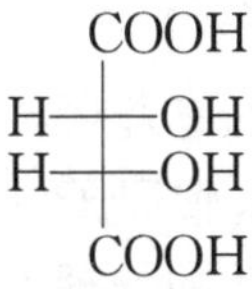 (R/S)

参考答案

一、单选题

1. C　**2.** B　**3.** B　**4.** C　**5.** A　**6.** D　**7.** B　**8.** C　**9.** B　**10.** E　**11.** A

二、用系统命名法命名下列化合物

1. L-甘油醛
2. S-2-甲基-1-溴丁烷
3. R-3-乙基-1-戊烯-4-炔
4. R-1,2-二氟丙烷
5. R-4-乙基-4-异丙基-1,5-庚二烯
6. (1S,2R,4S)-1-甲基-4-异丙基-2-溴环己烷
7. R-3-甲基-1-环戊烯
8. (2S,3S)-3-氟-2-氯戊烷
9. (3Z,7R)-4-乙基-3-氯-7-溴-3-辛烯
10. (2R,3S)-酒石酸

（张振琴）

第七章　醇、酚、醚

小　结

（一）醇

醇是羟基与饱和碳原子直接相连的一类化合物，羟基（—OH）是醇的官能团。醇通常有三种分类法：按烃基类别分类，按官能团数目分类，按羟基所连 α-碳原子的类型（伯、仲、叔碳）分类。醇羟基之间或醇羟基与水分子之间可形成氢键，使醇的物理性质如熔点、沸点、水溶性等都具有显著特点。

醇的化学性质主要由它的官能团羟基决定，在不同条件下，醇可发生碳氧键、氢氧键和 α-碳氢键的断裂。

1. 与活泼金属的反应：醇的酸性比水弱，不能与氢氧化钠溶液作用，能与 K、Na、Mg、Al 等活泼金属作用形成醇金属化合物。由于烷氧基负离子在溶剂中的溶剂化程度不同，所以醇在水溶液中的酸性强弱是甲醇＞伯醇＞仲醇＞叔醇。醇金属化合物既是强碱又是亲核试剂，遇水迅速分解。

2. 与无机含氧酸的反应：醇与无机含氧酸（硫酸、硝酸、亚硝酸、磷酸等）发生脱水酯化反应，生成相应的无机酸酯。

3. 与氢卤酸的反应：醇与氢卤酸反应生成卤代烷。浓盐酸与无水氯化锌配制的试剂称为 Lucas 试剂，Lucas 试剂可用于鉴别 6 个碳以下的伯、仲、叔醇。

4. 脱水反应：醇与浓酸共热发生脱水反应，脱水方式（分子内脱水成烯和分子间脱水成醚）随反应温度而异，分子内脱水可生成烯烃。不同醇脱水的活性顺序为：叔醇＞仲醇＞伯醇。若消除取向有选择时，则遵循查依采夫规则。

5. 氧化反应：伯醇氧化的最终产物为羧酸，仲醇氧化得酮，而叔醇一般不被氧化。橙色的铬酸试剂（CrO_3 的硫酸溶液）与伯醇或仲醇发生反应，会转变成蓝绿色，此反应可用于呼吸分析仪检测汽车司机是否酒后驾驶。如欲选择性氧化伯醇制备醛，则可采用温和的氧化剂（CrO_3 及吡啶的混合物）。

6. 多元醇的特性反应：具有两个相邻羟基的多元醇能与 $Cu(OH)_2$ 反应，生成深蓝色溶液，此反应可用于邻二醇的鉴别。

（二）酚

酚是芳烃苯环上的氢原子被羟基取代的一类化合物，酚羟基是酚的官能团。根据芳烃基的不同，分为苯酚和萘酚等；根据酚羟基的数目分为一元酚和多元酚。

酚中苯环 π 键的 p 轨道与羟基氧原子的 p 轨道构成 p-π 共轭体系，使羟基易离解出 H^+，故酚具有弱酸性。酚羟基为较强的邻、对位定位基，使苯环活化，故酚的苯环易发生亲电取代反应。

1. 酸性：酚类化合物一般显弱酸性，其酸性大于醇，而比羧酸、碳酸弱。苯酚可溶于

NaOH，但不溶于 $NaHCO_3$，故将 CO_2 通入酚钠溶液中，酚可析出。取代酚类化合物的酸性强弱与苯环上取代基的种类、数目及其相对位置等有关。

2. 与三氯化铁的显色反应：含酚羟基的化合物一般均能与三氯化铁发生颜色反应，这是具有烯醇式结构化合物的一般通性。

3. 芳环上的亲电取代反应：苯酚很容易发生卤代、硝化等亲电取代反应，如苯酚水溶液与溴水生成 2，4，6-三溴苯酚的白色沉淀，可用于苯酚的定性检验和定量测定。

4. 酚的氧化反应：酚类化合物很容易被氧化，产物为醌类化合物。醌属于具有共轭体系的环己二烯二酮类化合物，不具有芳香性，大多具有颜色。

（三）醚

醚是两个烃基通过氧原子连接起来的化合物。醚的官能团为醚键（C—O—C），其中氧原子为不等性的 sp^3 杂化，根据结构醚可分为单醚和混醚，还可分为开链醚和环醚，三元的环醚又称为环氧化合物。

醚较稳定，不能与强碱、稀酸、氧化剂、还原剂或活泼金属反应。但醚可与冷的、浓的强酸形成可溶于上述酸中的𨦡盐。醚键在加热条件下与浓的氢卤酸（最常用的是氢碘酸）作用，可断裂形成醇和卤代烃。醚在空气中可缓慢氧化成过氧化物。

环氧乙烷为最简单的环醚，分子中存在环张力，易发生开环反应。

冠醚是一类具有大环多醚结构的化合物，其环内空穴选择性地与金属离子配合，还可用作相转移催化剂。

（四）硫醇和硫醚

硫醇在性质上与醇相似，其差别在于：醇和硫醇均有不同程度的酸性，但硫醇的酸性比相应的醇强，不但可与氢氧化钠作用，而且可与重金属氧化物成盐，常用于重金属解毒；硫醇较醇更易被氧化，与弱氧化剂（如空气中的氧、稀过氧化氢等）作用生成二硫化合物，与强氧化剂作用最终生成磺酸。二硫化合物在一定条件下可被还原为原来的硫醇，生物体中巯基与二硫键之间的可逆氧化还原作用，是一个非常重要的生理过程。

硫醚与硫醇相似，容易被氧化，氧化生成亚砜或砜。

习　题

一、单选题

1. 下列化合物与酸性高锰酸钾不能发生反应的是：（　　）

A. 环己醇　　B. 苯酚　　C. 苯甲醚

D. 甲苯　　E. 苯甲醇

2. (a) 正丁醇，(b) 异丙醇，(c) 叔丁醇与 Lucas 试剂反应的速度由快至慢的顺序为：（　　）

A. (a)＞(b)＞(c)　　B. (b)＞(c)＞(a)　　C. (b)＞(a)＞(c)

D. (c)＞(a)＞(b)　　E. (c)＞(b)＞(a)

3. 下列化合物中，哪一个具有最小的 pK_a：（　　）

A. 苯酚（结构式：C_6H_5OH）　B. 对硝基苯酚（结构式：p-$O_2NC_6H_4OH$）　C. 对甲基苯酚（结构式：p-$CH_3C_6H_4OH$）

D. 对甲氧基苯酚（结构式：p-$CH_3OC_6H_4OH$）　E. 对氯苯酚（结构式：p-ClC_6H_4OH）

4. 加 $FeCl_3$ 试剂后显紫色的是：（　　）

A. 邻羟基苯甲酸（结构式：o-HOC_6H_4COOH）　B. HOOC—⟨环己基⟩—OH　C. C_6H_5—CHO

D. C_6H_5—CH_2OH　E. ⟨环己基⟩—OH

5. 醚能与浓强酸形成𬭩盐是因为：（　　）

A. 碳氧键的极化　B. 氧原子的不等性 sp^3 杂化

C. 醚可作为 Lewis 酸　D. 氧原子的电负性强

E. 氧原子上具有孤对电子

6. 禁止用工业酒精配制饮料酒，是因为工业酒精中含有：（　　）

A. 甲醇　B. 乙二醇　C. 丙三醇

D. 异戊醇　E. 乙醚

7. 酚羟基的酸性较醇羟基的大，其主要原因是：（　　）

A. π-π 共轭效应　B. σ-π 超共轭效应　C. p-π 共轭效应

D. －I 效应　E. ＋I 效应

8. 下列化合物与 $Cu(OH)_2$ 反应，不产生深蓝色的是：（　　）

A. $HOCH_2CH_2CH_2OH$　B. $HOCH_2CH(OH)CH_3$　C. $HOCH_2CH(OH)CH_2OH$

D. 1,2-环己二醇（结构式）　E. $HOCH_2CH_2OH$

9. 下列化合物中属于芳香醇的是：（　　）

A. C_6H_5—OH　B. C_6H_5—O—C_6H_5　C. C_6H_5—CH_2OH

D. 邻甲基苯酚（结构式：o-$CH_3C_6H_4OH$）　E. C_6H_5—OCH_3

10. 分子式为 $C_5H_{12}O$ 的所有构造异构体的数目为：（　　）

A. 8　B. 10　C. 12

D. 14　E. 15

11. 下列化合物溴代反应活性最大的是：（　　）

A. 苯磺酸　B. 苯酚　C. 苯

D. 甲苯　　E. 氯苯

12. 下列化合物中，最稳定的是：（　　）

A. $CH_3CH(OH)CH=CH_2$　　B. $CH_3CH_2C(OH)=CH_2$　　C. $HOCH(OH)CH_2CH_3$

D. 1,1-环己二醇（环己烷同一碳上连两个OH）　　E. $C_6H_5C(OH)_3$

13. 下列各组化合物中，酸性顺序从大到小排列正确的是：（　　）

A. 苯甲酸>苯磺酸>苯硫酚>苯甲醇>苯酚

B. 间硝基苯酚>对硝基苯酚>苯酚>邻硝基苯酚

C. 甲醇>伯醇>仲醇>叔醇>水

D. 苯甲酸>碳酸>苯酚>水>环己醇

E. 2,4-二硝基苯酚>间硝基苯酚>间甲苯酚>苯酚

14. 下列化合物中，能形成分子内氢键的是：（　　）

(a) $O_2N-C_6H_4-OH$（对位）　(b) 邻硝基苯酚（OH、NO_2）　(c) 邻羟基苯甲酸（COOH、OH）　(d) 邻甲苯酚（OH、CH_3）

(e) 邻羟基苯甲腈（CN、OH）

A. (a)　　B. (b)和(c)　　C. (d)

D. (e)　　E. 5个化合物均不能

15. 下列结构中，碱性最强的是：（　　）

A. $C_6H_5O^-$　　B. OH^-　　C. $(CH_3)_3CO^-$

D. $C_2H_5O^-$　　E. $(CH_3)_2CHO^-$

二、用系统命名法命名下列化合物

1. $CH_3C(OH)(CH_2CH_2CH_3)(CH_2CH_3)$

2. $CH_3CH(OH)-CH(CH_2CH_3)=CH_2$ 即 $CH_3CH(OH)-CH(CH_2CH_3)-CH=CH_2$

3. $CH_3OCH_2CH(OH)CH_2OH$

4. $CH_3CH(CH_3)CH_2CH(OH)CH_2CH_2Br$

5. $HO-C_6H_4-CH_2OH$（对位）

6. 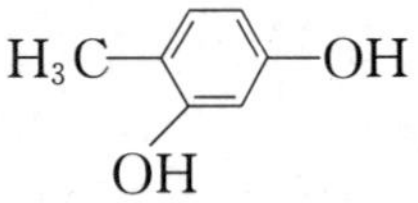 H_3C—(benzene ring)—OH, with OH on the ring

7. $(CH_3)_2CHCHOCH_2CH_3$, with CH_2CH_3 on the second CH

8. 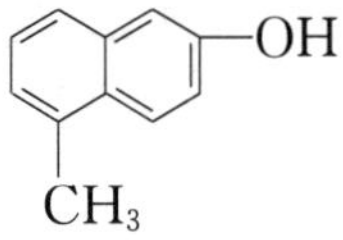 (naphthalene)—OH, with CH_3 on the ring

9. 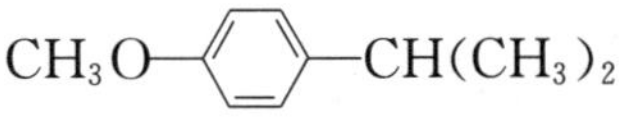 CH_3O—(benzene ring)—$CH(CH_3)_2$

10. 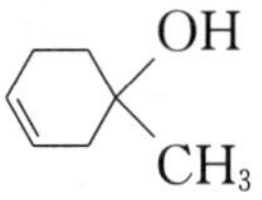 (cyclohexene ring) with OH and CH_3 on one carbon

11. 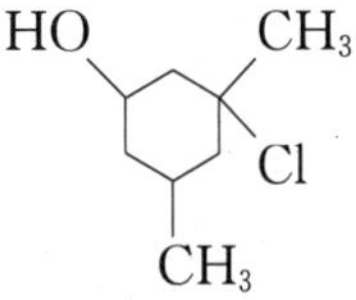 (cyclohexane ring) with HO; CH_3 and Cl on one carbon; CH_3

12. $HOCH_2CHCH_2SH$, with SH on the CH

13.  (five-membered ring with O)

14. 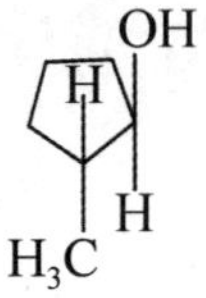 (cyclopentane ring) with OH, H, H and H_3C (R/S)

15. 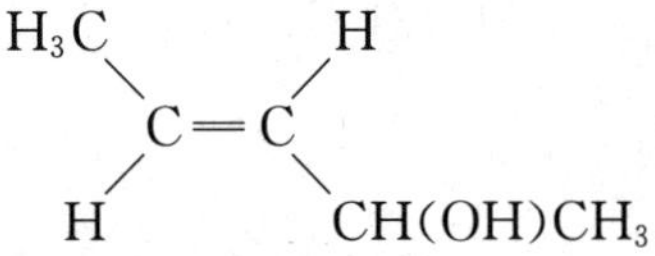 H_3C and H on one carbon, H and $CH(OH)CH_3$ on the other: $C{=}C$ (Z/E)

三、完成下列反应式

1. 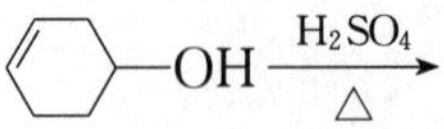 (cyclohexene ring)—OH $\xrightarrow[\triangle]{H_2SO_4}$

2. $(CH_3)_2CCH_2CH_2OH$, with OH on the C, $\xrightarrow[CrO_3]{H_2SO_4}$

3. 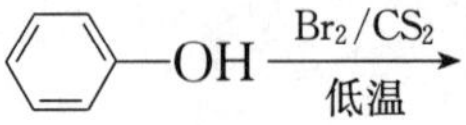 (benzene ring)—OH $\xrightarrow[\text{低温}]{Br_2/CS_2}$

4. 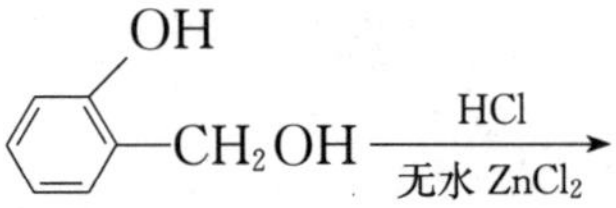 (benzene ring, with OH)—CH_2OH $\xrightarrow[\text{无水 } ZnCl_2]{HCl}$

5. $CH_2—CH—CH_2$ (with SH, SH, OH on the three carbons) $\xrightarrow{Hg^{2+}}$

6. 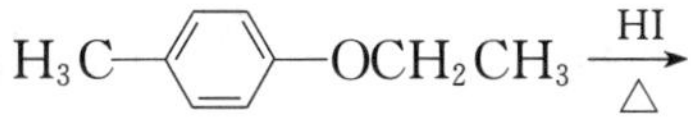 H_3C—⟨苯环⟩—OCH_2CH_3 $\xrightarrow[\triangle]{HI}$

7.  HO—⟨苯环⟩—CH(OH)CH_3 $\xrightarrow{NaOH}$

8. $(CH_3)_2C{=}CHCH_2OH \xrightarrow[吡啶]{CrO_3}$

9. 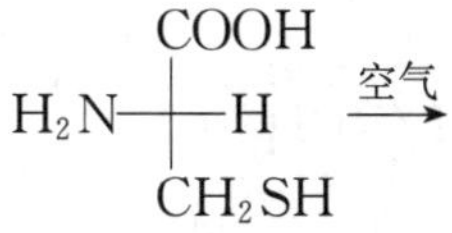 H_2N—C(COOH)(H)(CH_2SH) $\xrightarrow{空气}$

10. 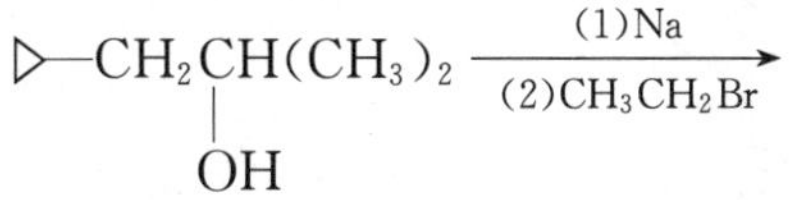 ▷—$CH_2CH(CH_3)_2$（CH 上连 OH）$\xrightarrow[(2)CH_3CH_2Br]{(1)Na}$

四、结构推导

1. 化合物 A 的分子式为 $C_6H_{10}O$，能与金属钠反应放出 H_2，并能使高锰酸钾溶液和 Br_2/CCl_4 溶液褪色。A 经催化加氢后得 B($C_6H_{12}O$)，B 经氧化后得 C，C 的分子式与 A 相同。B 与浓硫酸共热得 D，D 经还原后得环己烷。试推测 A 可能的结构式。

2. 某化合物 A 的分子式是 C_7H_8O，不溶于 $NaHCO_3$，但溶于 NaOH，与溴水反应可很快生成化合物 B，其分子式为 $C_7H_5OBr_3$，试推断 A、B 的结构式，若 A 不溶于 NaOH，则 A 可能是什么结构式？

参考答案

一、单选题

1. C　**2.** E　**3.** B　**4.** A　**5.** E　**6.** A　**7.** C　**8.** A　**9.** C　**10.** D　**11.** B　**12.** A　**13.** D　**14.** B　**15.** C

二、用系统命名法命名下列化合物

1. 3-甲基-3-己醇
2. 3-乙基-3-丁烯-2-醇
3. 3-甲氧基-1,2-丙二醇
4. 5-甲基-1-溴-3-己醇
5. 对羟基苯甲醇
6. 2,4-二羟基甲苯
7. 2-甲基-3-乙氧基戊烷
8. 5-甲基-2-萘酚
9. 对异丙基苯甲醚
10. 1-甲基-3-环己烯醇
11. 3,5-二甲基-3-氯环己醇
12. 2,3-二巯基丙醇
13. 四氢呋喃
14. (1R,2R)-2-甲基环己醇
15. (3E)-3-戊烯-2-醇

三、完成下列反应式

1.  ⟨环己烯⟩

2. 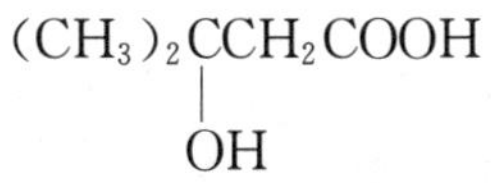 $(CH_3)_2C(OH)CH_2COOH$

3. Br—⟨苯环⟩—OH

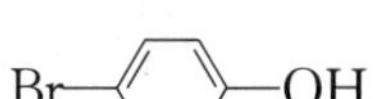

4. 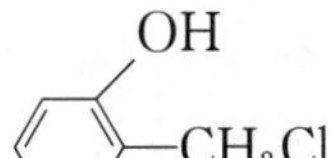 ⟨苯环⟩（邻位 OH）—CH_2Cl

5. $CH_2—CH—CH_2$（两个 S 与 Hg 成环，CH_2 连 OH）

$$\begin{array}{ccccc} CH_2 & - & CH & - & CH_2 \\ | & & | & & | \\ S & & S & & OH \\ & \diagdown & \diagup & & \\ & Hg & & & \end{array}$$

6. $H_3C-C_6H_4-OH + CH_3CH_2I$

7. $NaO-C_6H_4-CH(OH)CH_3$

8. $(CH_3)_2C{=}CHCHO$

9.
$$\begin{array}{ccc} COOH & & COOH \\ H_2N-\!\!\!-\!\!\!\!\!\!\!\!|\!\!\!\!\!\!\!\!-\!\!\!-H & & H_2N-\!\!\!-\!\!\!\!\!\!\!\!|\!\!\!\!\!\!\!\!-\!\!\!-H \\ CH_2 & -S-S- & CH_2 \end{array}$$

10. $\triangleright-CH_2C(CH_3)_2$（C 上连 OCH_2CH_3）

$$\begin{array}{l} \triangleright-CH_2\underset{|}{C}(CH_3)_2 \\ \quad\quad\quad OCH_2CH_3 \end{array}$$

四、结构推导

1. A：2-环己烯-1-醇（OH 环己烯）或 3-环己烯-1-醇（OH 环己烯）

2. A：间甲基苯酚（OH，CH_3 位于间位）

B：2,4,6-三溴-3-甲基苯酚（OH，Br，Br，CH_3，Br）

A 若不溶于 NaOH，则 A 可能为 $C_6H_5-CH_2OH$ 或 $C_6H_5-OCH_3$

（姜慧君）

第八章　醛、酮、醌

小　结

1. 醛酮的结构中都含有羰基，羰基至少有一端与氢原子相连的为醛，羰基两端都与烃基相连的为酮。

2. 羰基碳原子为 sp^2 杂化，碳和氧原子以双键相连。由于氧原子的电负性大于碳原子，故羰基中碳氧间电子云偏向氧原子，氧原子带部分负电荷，碳原子带部分正电荷，所以羰基是一个极性基团，这是醛酮具有较高化学活性的主要原因。其化学性质主要表现为：

(1) 羰基的亲核加成

羰基中的碳原子是反应中亲核试剂的进攻位点，进攻试剂为亲核试剂中电荷密度较大的部分。醛酮的亲核取代反应活性大小取决于醛酮分子中原子间的电子效应、空间效应及亲核试剂亲核性的强弱等。

亲核试剂相同时，醛酮的反应活性取决于电子效应和空间效应。当羰基碳上连有供电子基时，不利于亲核试剂的进攻；当羰基碳上连有吸电子基时，亲核反应活性增加；当羰基碳邻近连有较大烃基时，由于空间位阻，会降低或完全阻碍亲核加成反应的进行。

醛酮的反应活性一般顺序如下：

$$HCHO > CH_3CHO > RCHO > C_6H_5CHO > RCOCH_3 > RCOR' > RCOAr > ArCOAr$$

亲核试剂本身的强弱也影响羰基加成反应的难易程度，亲核试剂所带电荷密度越大越容易进行。对于一些亲核能力较弱的亲核试剂，如 HCN、$NaHSO_3$ 等，不是所有的醛酮都能与它们发生反应。如 HCN 只与醛、脂肪族甲基酮和 8 个碳原子以下的环酮作用生成相应的氰醇，也称 α-羟基腈。

(2) α-H 的反应：与羰基直接相连的碳原子上的氢(α-H)受羰基吸电子诱导效应和羰基与 α-H 之间的 σ-π 超共轭效应的影响，比较活泼，在碱作用下容易失去，形成碳负离子，发生卤代反应和羟醛(醇醛)缩合反应。

卤代反应中，凡含有 CH_3CO—或 CH_3CHOH—结构的化合物能与 $I_2/NaOH$ 溶液反应，生成黄色沉淀碘仿，因此称为碘仿反应。

羟醛缩合反应是在稀碱作用下，一分子醛(或酮)的 α-H 以质子形式加到另一分子醛(或酮)的羰基氧上，其余碳负离子部分加到另一分子羰基碳上，生成 β-羟基醛(酮)的反应。

(3) 氧化反应和还原反应：醛可被弱氧化剂氧化，而酮则不能。醛可被 Tollens 试剂氧化发生银镜反应，脂肪醛可被 Fehling 试剂以及 Benedict 试剂氧化，利用这些反应可以区分脂肪醛、芳香醛和酮。

醛和酮在金属催化剂铂、镍等存在下，可被氢气还原成相应的伯醇和仲醇；与锌汞齐和浓盐酸回流，羰基将被还原成亚甲基，此反应称为Clemmensen还原法。

金属氢化物$NaBH_4$、$LiAlH_4$也可以将羰基还原成羟甲基，同时一般不还原双键。

3. 醌是含有共轭环己二烯二酮结构的化合物。常见的醌为苯醌、萘醌、蒽醌、菲醌等。醌类化合物在自然界分布很广，如具有凝血作用的维生素K类化合物属于萘醌类，具有抗菌活性的大黄素属于蒽醌类，辅酶Q_{10}也属于苯醌类化合物。对苯醌易还原成氢醌(对苯二酚)，这是氢醌氧化成对苯醌的逆反应。因此，对苯醌与氢醌可以组成一个可逆的电化学氧化还原体系。

习　题

一、单选题

1. 下列化合物发生亲核加成反应，活性顺序从大到小依次为：　(　　)

(a) CH_3CHO　(b) C_6H_5CHO　(c) CH_3COCH_3　(d) $C_6H_5COCH_3$

(e) $ClCH_2CHO$

A. (a)>(b)>(c)>(d)>(e)　B. (e)>(a)>(b)>(c)>(d)

C. (e)>(b)>(a)>(c)>(d)　D. (e)>(b)>(a)>(d)>(c)

E. (a)>(e)>(b)>(c)>(d)

2. 下列试剂通常不作为亲核试剂的是：　(　　)

A. Br_2　B. HCN　C. $NaHSO_3$

D. H_2NNH_2　E. $C_2H_5O^-$

3. 下列化合物不能与氢氰酸发生加成反应的是：　(　　)

A. CH_3COCH_3　B. CH_3CHO　C. C_6H_5CHO

D. $CH_3CH_2COCH_2CH_3$　E. 环戊酮（结构式：五元环=O）

4. 下列化合物不能发生碘仿反应的是：　(　　)

A. CH_3COCH_3　B. HCHO　C. CH_3CHO

D. $C_6H_5COCH_3$　E. CH_3CH_2OH

5. 下列化合物中可以发生羟醛缩合反应的是：　(　　)

A. $CH_3CH(OH)CH_3$　B. HCHO　C. CH_3CH_2CHO

D. CH_3CCl_2CHO　E. 1-甲基环丙烷甲醛（结构式：环丙烷上连 CH_3 和 CHO）

6. 下列化合物和羟胺发生反应，活性最大的是：　(　　)

A. 对羟基苯甲醛（苯环上连 CHO 和对位 OH）

B. 对甲基苯甲醛（苯环上连 CHO 和对位 CH_3）

C. 对硝基苯甲醛（苯环上连 CHO 和对位 NO_2）

D. 对氯苯甲醛（苯环上连 CHO 和对位 Cl）

E. 苯甲醛（苯环上连 CHO）

7. 下列化合物能与 Fehling 试剂反应的是：（　　）

A. C_6H_5CHO　　B. CH_3COCH_3　　C. CH_3CH_2OH

D. 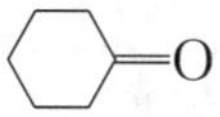 =O　　E. 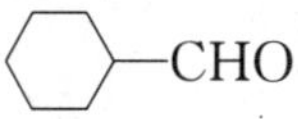 —CHO

8. 下列化合物不能使三氯化铁显紫色的是：（　　）

A. $CH_3COCH_2COCH_3$　　B. $CH_3COCHClCOCH_3$

C. $C_2H_5OOCCH_2COCH_3$　　D. $C_2H_5OOCCH_2COOC_2H_5$

E. C_6H_5OH

9. 能使苯甲醛衍变成苯甲醛肟的试剂是：（　　）

A. 斐林试剂　　B. 羟胺　　C. 苯胺

D. 苯肼　　E. 2,4-二硝基苯肼

10. 下列化合物既能发生碘仿反应，又能与亚硫酸氢钠加成的是：（　　）

A. $CH_3CH_2COCH_3$　　B. $C_6H_5COCH_3$　　C. CH_3CH_2CHO

D. $CH_3CH(OH)CH_2CH_3$　　E. CH_3CH_2OH

11. 医学上福尔马林溶液的主要成分是：（　　）

A. 苯酚　　B. 甲醛　　C. 甲酸

D. 苯甲醛　　E. 乙醇

12. 对苯醌易还原成氢醌，氢醌的结构为：（　　）

A. 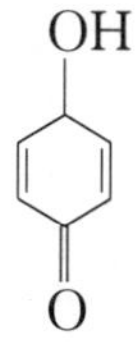 OH / O　　B. 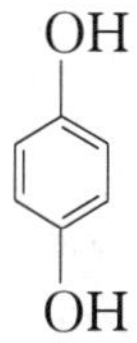 OH / OH　　C. 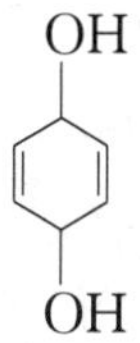 OH / OH

D. 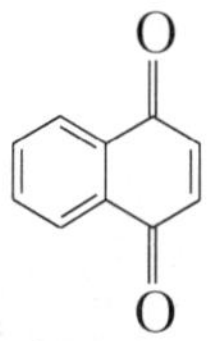 O / O　　E. 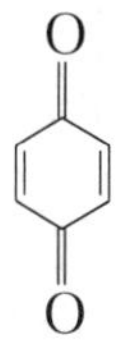 O / O

13. 下列化合物中没有芳香性的是：（　　）

A. 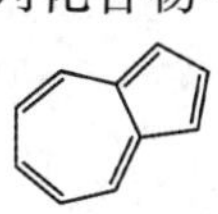　　B. 　　C.

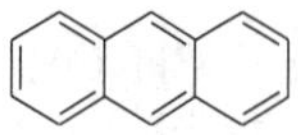

D. 　　E. 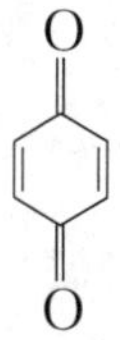 O / O

14. 下列试剂不能用于鉴别丙醛和丙酮的是：（　　）

A. 托伦试剂　　B. 斐林试剂　　C. 班氏试剂

D. 亚硝酸溶液　　E. I_2＋NaOH 溶液

15. 醛酮的 Clemmensen 还原法的反应条件是：（　　）

A. 锌汞齐/浓盐酸　　B. $I_2/NaOH$　　C. H_2/Ni

D. H_2NNH_2/KOH　　E. $NaBH_4/C_2H_5OH$

二、用系统命名法命名下列化合物

1. 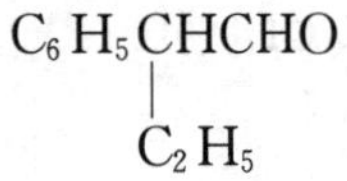 $C_6H_5CH(C_2H_5)CHO$

2. 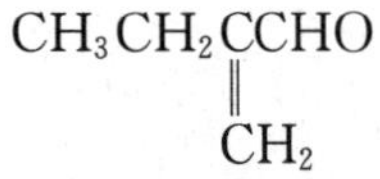 $CH_3CH_2C(=CH_2)CHO$

3. $CH_3COCH(CH_2Cl)CH_2CH_3$

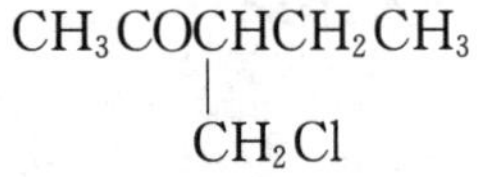

4. $(CH_3)_2CHCOCH_3$

5. $CH_3CH_2COCH_2COCH_3$

6. 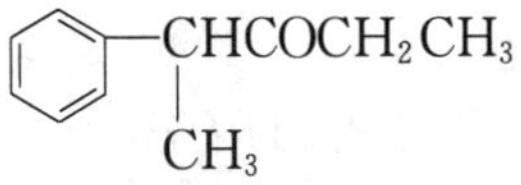 $C_6H_5CH(CH_3)COCH_2CH_3$

7. 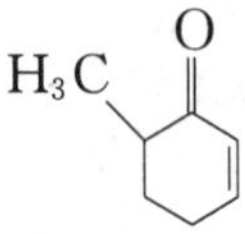 2-位带 H_3C 的环己-2-烯酮（结构式：环己烯酮，羰基 O，邻位 H_3C）

8. 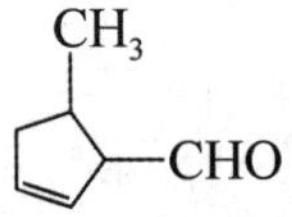 环戊烯环上带 CH_3 与 CHO（结构式）

9. 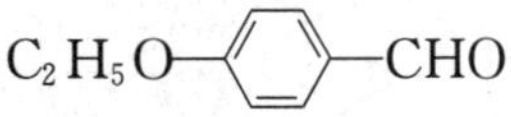 $C_2H_5O-C_6H_4-CHO$（对位）

10. 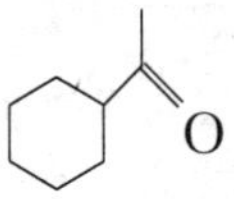 环己基甲基酮（结构式：环己基—C(=O)—CH_3）

11. $CH_3COCH_2OCH_3$

12. $CH_3COCH=CH_2$

三、完成下列反应式

1.  环丁酮 $+ HCN \longrightarrow$

2. 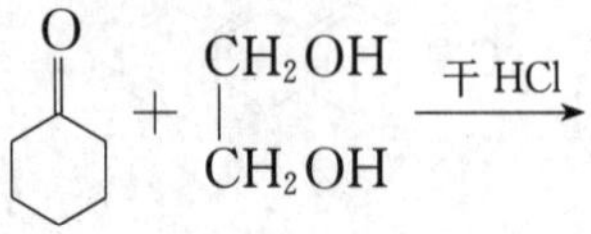 环己酮 $+ \begin{matrix} CH_2OH \\ | \\ CH_2OH \end{matrix} \xrightarrow{\text{干 HCl}}$

3. 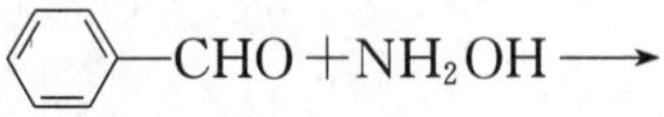 $C_6H_5CHO + NH_2OH \longrightarrow$

4. $Cl_3CCHO + H_2O \longrightarrow$

5. 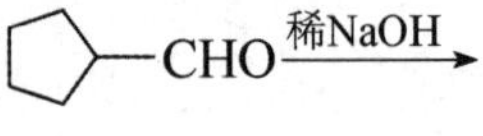 环戊基$-CHO \xrightarrow{\text{稀NaOH}}$

6. $CH_3CH_2CHO \xrightarrow[\triangle]{\text{稀 NaOH}}$

7. $CH_3CH(OH)CH_2COCH_3 \xrightarrow[\triangle]{I_2/OH^-}$

8. $CH_3CH_2COCH_3 \xrightarrow{H_2/Ni}$

9. $CH_2=CHCH_2COCH_3 \xrightarrow{LiAlH_4}$

10. $C_6H_5COCH_3 \xrightarrow{Zn-Hg/HCl}$

11. 2-甲氧基四氢吡喃（环上O邻位碳连 OCH_3） $\xrightarrow{H^+/HCl}$

12. $CH_3CH(OH)CH_2CH_2CHO \xrightarrow{干\ HCl}$

13. $H_3C-C_6H_4-CHO \xrightarrow[\triangle]{KMnO_4/H^+}$

14. $CH_3COCH_2CH=CHCHO \xrightarrow{[Ag(NH_3)_2]^+}$

四、结构推导

1. 某化合物A，分子式 $C_8H_{14}O$，A可以很快使溴水褪色，也可与苯肼反应。A氧化后生成一分子丙酮和一分子化合物B，B显酸性，能发生碘仿反应，生成一分子碘仿和一分子丁二酸盐。试写出A、B的结构。
2. 某化合物A（$C_6H_{12}O$），能与苯肼反应，但不能发生银镜反应；A在铂催化条件下加氢得到醇B，B与浓硫酸共热得C，C氧化生成D和E。D有酸性，不能发生银镜反应；E能发生碘仿反应，但不能和斐林试剂作用。试推测A、B、C、D、E的结构。
3. 某化合物A，分子式 $C_9H_{10}O_2$，能溶于NaOH溶液，易与羟胺反应，但不能与托伦试剂反应。A经氢化铝锂还原得B，B分子式 $C_9H_{12}O_2$，A、B都能发生碘仿反应。A用锌汞齐还原得化合物C，分子式 $C_9H_{12}O$，C可溶于NaOH溶液中；C若发生环上亲电取代反应，只能有两种产物。试推测A、B、C的结构。

参考答案

一、单选题

1. B　2. A　3. D　4. B　5. C　6. C　7. E　8. D　9. B　10. A　11. B　12. B　13. E　14. D　15. A

二、用系统命名法命名下列化合物

1. 2-苯基丁醛
2. 2-乙基丙烯醛
3. 3-乙基-4-氯-2-丁酮
4. 3-甲基-2-丁酮
5. 2,4-己二酮
6. 2-苯基-3-戊酮
7. 6-甲基-2-环己烯酮
8. 5-甲基-2-环戊烯基甲醛
9. 对乙氧基苯甲醛
10. 1-环己基乙酮
11. 1-甲氧基-2-丙酮
12. 3-丁烯-2-酮

三、完成下列反应式

1. 1-羟基环丁烷甲腈（环丁烷同一碳上连 OH 和 CN）

2. 环己酮乙二醇缩酮（环己烷螺连 $O-CH_2$ / $O-CH_2$）

3. $C_6H_5-CH=NOH$

4. $Cl_3CCH(OH)_2$

5. 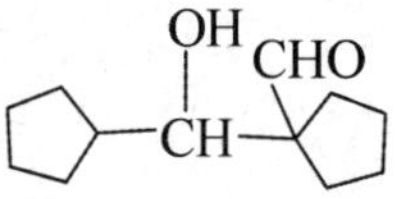

6. $CH_3CH_2CH{=}C(CH_3)CHO$

7. $CHI_3 + {}^{-}OOCCH_2COO^{-}$

8. $CH_3CH_2CH(OH)CH_3$

9. $CH_2{=}CHCH_2CH(OH)CH_3$

10. $C_6H_5CH_2CH_3$

11. $HOCH_2CH_2CH_2CH_2CHO + CH_3OH$

12. 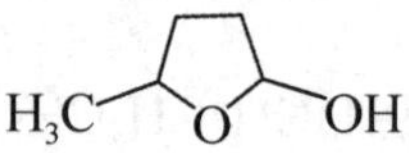

13. 

14. $CH_3COCH_2CH{=}CHCOOH$

四、结构推导

1. A：$(CH_3)_2C{=}CHCH_2CH_2COCH_3$ 或 $(CH_3)_2C{=}C(CH_3)CH_2CH_2CHO$

   B：$CH_3COCH_2CH_2COOH$

2. A：$CH_3CH_2COCH(CH_3)_2$

   B：$CH_3CH_2CH(OH)CH(CH_3)_2$

   C：$CH_3CH_2CH{=}C(CH_3)_2$

   D：CH_3CH_2COOH

   E：CH_3COCH_3

   或

   A：$CH_3COCH(CH_3)CH_2CH_3$

   B：$CH_3CH(OH)CH(CH_3)CH_2CH_3$

   C：$CH_3CH{=}C(CH_3)CH_2CH_3$

   D：CH_3COOH

   E：$CH_3COCH_2CH_3$

3. A：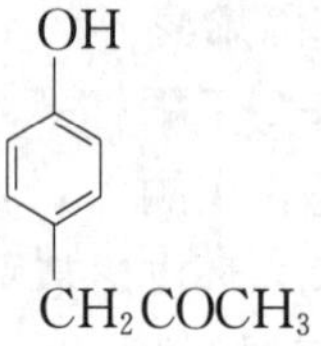 B：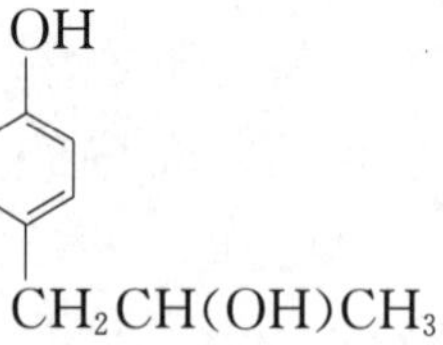 C：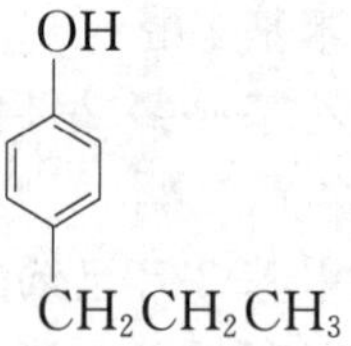

（居一春）

期中测试

一、用系统命名法命名下列化合物(13～15 题还需按要求标明构型,每题 2 分,计 30 分)

1.

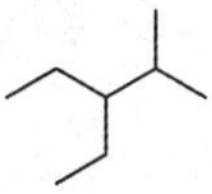

2. $HC \equiv CCH_2CH_2CH = CHCH_3$

3.

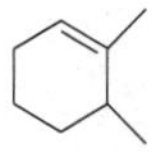

4. 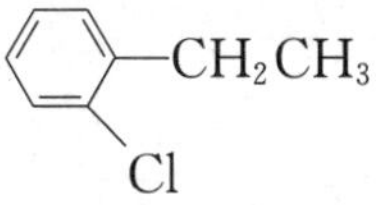 $-CH_2CH_3$, Cl

5. 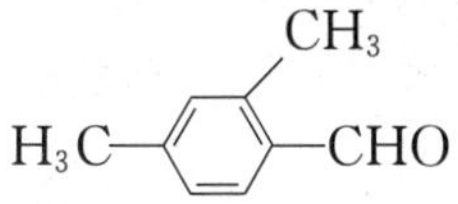 CH_3, H_3C-, $-CHO$

6. 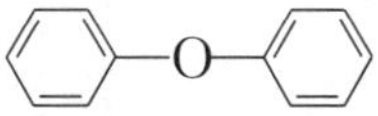 —O—

7. 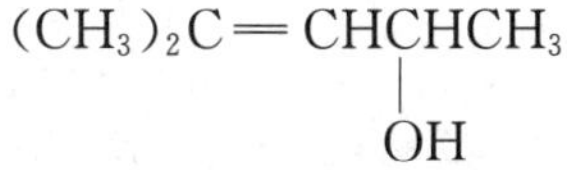 $(CH_3)_2C = CHCHCH_3$, OH

8. 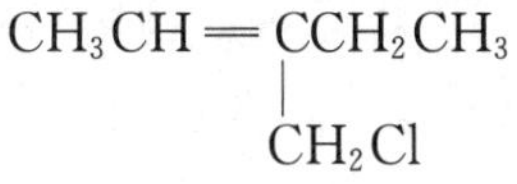 $CH_3CH = CCH_2CH_3$, CH_2Cl

9. 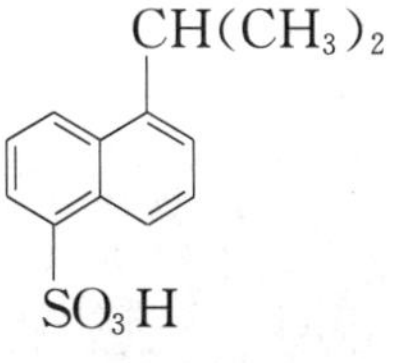 $CH(CH_3)_2$, SO_3H

10. 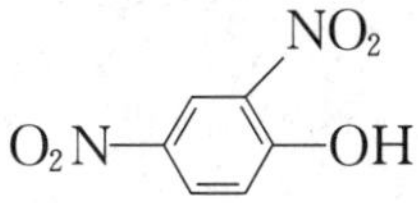 NO_2, O_2N-, $-OH$

11. 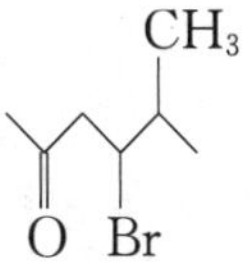 CH_3, O, Br

12. 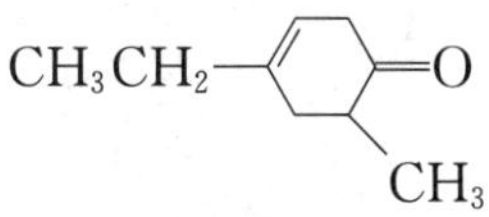 CH_3CH_2-, =O, CH_3

13. 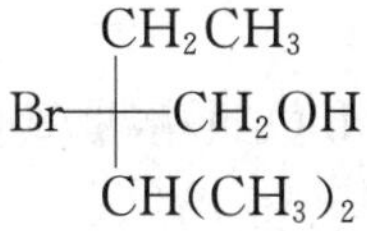 CH_2CH_3, Br—, $-CH_2OH$, $CH(CH_3)_2$ (R/S)

14. 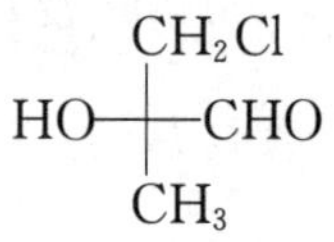 HO—C(CH$_2$Cl)(CH$_3$)—CHO (D/L)

15. 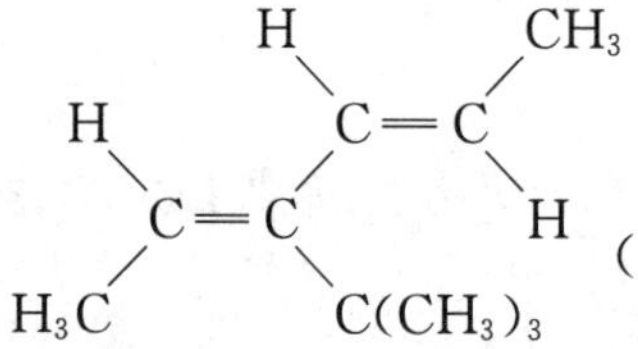 (H)(H$_3$C)C=C(C(CH$_3$)$_3$)—CH=CH—CH$_3$ (H, CH$_3$ cis/trans as drawn) (Z/E)

二、完成下列反应式(不反应者,在"→"后注明"不反应",每题2分,计30分)

1. 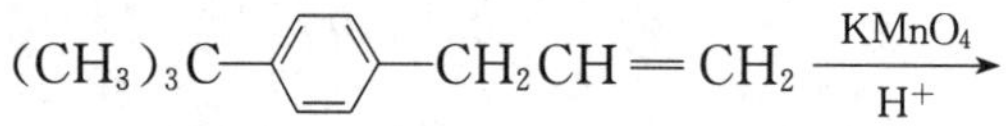 $(CH_3)_3C$—C$_6$H$_4$—$CH_2CH{=}CH_2 \xrightarrow[H^+]{KMnO_4}$

2. $CH_3CH{=}CH_2 \xrightarrow{HCl}$

3. 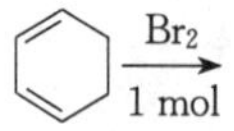 1,3-环己二烯 $\xrightarrow[1\ mol]{Br_2}$

4. $(CH_3)_2CHOH \xrightarrow{卢卡斯试剂}$

5. 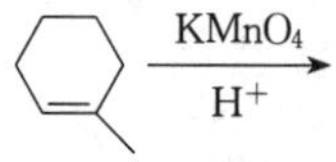 1-甲基环己烯 $\xrightarrow[H^+]{KMnO_4}$

6. $CH_3CH_2CH{=}CH_2 \xrightarrow[NaCl/H_2O]{Br_2}$

7. 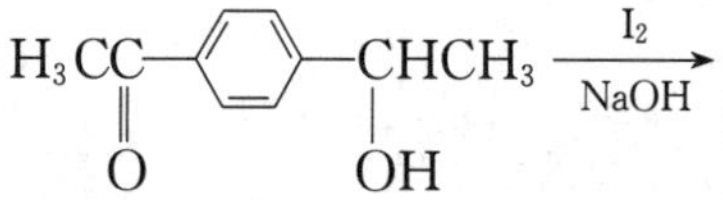 $H_3C\overset{O}{\overset{\|}{C}}$—C$_6H_4$—$\underset{OH}{CH}CH_3 \xrightarrow[NaOH]{I_2}$

8. 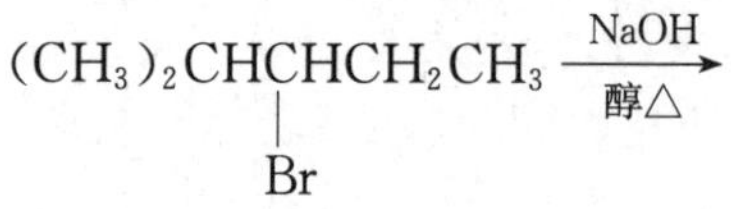 $(CH_3)_2CH\underset{Br}{CH}CH_2CH_3 \xrightarrow[醇\triangle]{NaOH}$

9. 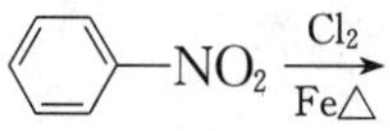 C$_6$H$_5$—$NO_2 \xrightarrow[Fe\triangle]{Cl_2}$

10. 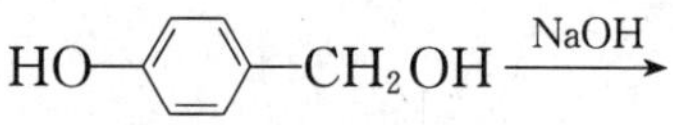 HO—C$_6$H$_4$—$CH_2OH \xrightarrow{NaOH}$

11. 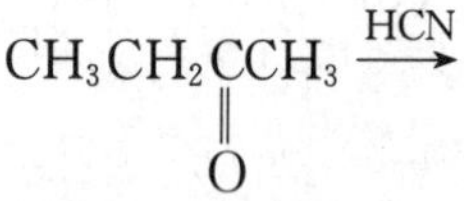 $CH_3CH_2\overset{O}{\overset{\|}{C}}CH_3 \xrightarrow{HCN}$

12. 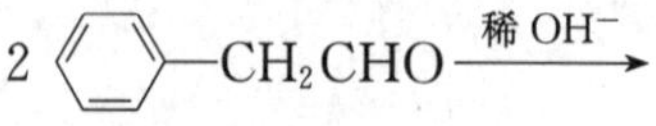 2 C$_6$H$_5$—$CH_2CHO \xrightarrow{稀\ OH^-}$

13. 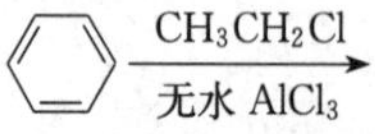 C$_6$H$_6$ $\xrightarrow[无水\ AlCl_3]{CH_3CH_2Cl}$

14. 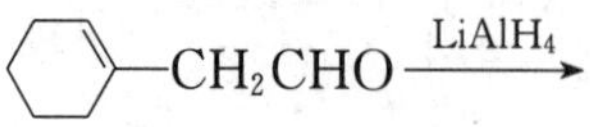 环己烯-1-基—$CH_2CHO \xrightarrow{LiAlH_4}$

15. 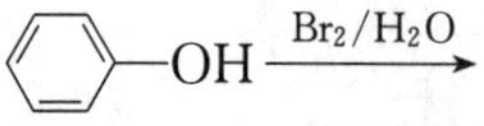 C$_6$H$_5$—$OH \xrightarrow{Br_2/H_2O}$

三、结构推导(不要求写出推导过程和理由,每个结构2分,计10分)

1. 某化合物A($C_7H_{16}O$)与浓 H_2SO_4 共热生成B(C_7H_{14}),B经 $KMnO_4$ 酸溶液氧化后,得丁酸和丙酮,写出A、B的可能结构式。

2. 某化合物 A 的分子式为 $C_5H_{12}O$，氧化后得 B（$C_5H_{10}O$），B 能与 2，4-二硝基苯肼反应，在碘的氢氧化钠溶液中共热得到黄色沉淀。A 和浓硫酸共热得 C（C_5H_{10}），C 与氢溴酸作用，生成 2-甲基-2-溴丁烷。试推测 A、B、C 可能的结构。

四、单选题（选择一个最佳答案，每题 2 分，计 30 分）

1. 下列化合物中，所有碳原子在一条直线上的为：（　）

A. 正丁烷　B. 1-丁烯　C. 1-丁炔
D. 丁烯炔　E. 2-丁炔

2. 化合物 C_5H_8，能与 1 摩尔 H_2 加成，若用 $KMnO_4$ 氧化，只生成一种产物，则该化合物的可能结构为：（　）

A. $CH_2=CHCH_2CH=CH_2$　B. $CH_3CH_2CH=CHCH_3$

C. （环戊烯）　D. （亚甲基环丁烷，=CH_2）

E. ▷—$CH=CH_2$

3. 烷烃 C_5H_{12} 中一个伯氢被氯原子取代后的产物共有多少种：（　）

A. 5　B. 3　C. 4
D. 6　E. 7

4. 区别苯酚和苯甲醇应该用：（　）

A. 金属钠　B. NaOH　C. HBr
D. $K_2Cr_2O_7/H^+$　E. $NaHCO_3$

5. 化合物(a) $ClCH=CHCH_2CH_2CH_2Cl$(b)，三个氯原子在进行碱性水解时：（　）
（其中 ClCH 的碳上连有 CH_2Cl(c)）

A. (b)最易　B. (a)最易　C. (c)最易
D. (b)(c)一样　E. (a)(c)一样

6. 下述化合物环上硝化反应活性大小顺序为：（　）

(a) 苯　(b) 苯—OH　(c) 苯—Cl　(d) 苯—CHO

A. (c)>(b)>(a)>(d)　B. (c)>(b)>(d)>(a)
C. (b)>(c)>(d)>(a)　D. (b)>(a)>(c)>(d)
E. (b)>(a)>(d)>(c)

7. 由 $CH_3CH_2CH_2Br \longrightarrow CH_3CHBrCH_3$ 应采取的方法是：（　）

A. (a) KOH，醇；(b) HBr，过氧化物　B. (a) H_2O, H^+；(b) HBr
C. (a) KOH，H_2O；(b) HBr　D. (a) KOH，醇；(b) HBr
E. (a) H_2O, H^+；(b) HBr，过氧化物

8. 下列化合物中，可发生碘仿反应的是：（　）

A. CH_3CH_2CHO　B. CH_3CH_2OH　C. $CH_3CH_2COCH_2CH_3$
D. HCHO　E. 苯—OH

9. 能与斐林(Fehling)试剂反应的化合物的范畴为：（　）

A. 醇类　B. 所有的醛　C. 所有的酮

D. 所有的脂肪醛　　E. 所有的芳香醛

10. 能区分下列化合物的试剂为：（　　）

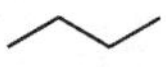

（结构式）、□、（结构式）

A. $KMnO_4/H^+$　　B. $FeCl_3$　　C. Br_2/H_2O

D. A 和 C　　E. B 和 C

11. 下列化合物中，能进行羟醛缩合反应的是：（　　）

A. 2,2-二甲基丙醛　　B. 甲醛　　C. 苯甲醛

D. 丙醇　　E. 乙醛

12. $CH_2{=}C{=}CH_2$ 分子中三个碳原子的杂化状态分别是：（　　）

A. 3 个碳原子都是 sp^2 杂化　　B. C_2、C_3 是 sp^2 杂化

C. C_1、C_3 是 sp^2 杂化　　D. 3 个碳原子都是 sp^3 杂化

E. 3 个碳原子都是 sp 杂化

13. 下列化合物中不具有芳香性的是：（　　）

A.（结构式）　　B.（结构式）　　C.（结构式）

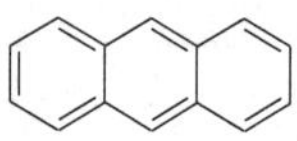

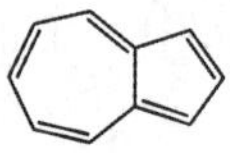

D.（结构式）　　E.（结构式）

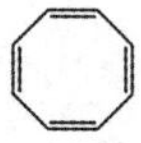

14. 具有 4 个不同手性碳原子的化合物，能产生的旋光异构体数为：（　　）

A. 至少 16 个　　B. 至多 16 个　　C. 有 16 个

D. 必少于 16 个　　E. 以上选项都不正确

15. 下列化合物中既能产生顺反异构，又能产生旋光异构的是：（　　）

A. $CH_3CBr{=}CBrCH_3$　　B. $CH_3CHBrCH{=}CH_2$

C. $(CH_3)_2CBrCH{=}CH_2$　　D. $CH_3CH_2CBr{=}CHCH_3$

E. $CH_2{=}CHCHBrCH{=}CHCH_3$

参考答案

一、用系统命名法命名下列化合物（13～15 题还需按要求标明构型，每题 2 分，计 30 分）

1. 2-甲基-3-乙基戊烷　　**2.** 5-庚烯-1-炔

3. 1,6-二甲基环己烯　　**4.** 2-氯乙苯

5. 2,4-二甲基苯甲醛　　**6.** 二苯醚

7. 4-甲基-3-戊烯-2-醇　　**8.** 2-乙基-1-氯-2-丁烯

9. 5-异丙基-1-萘磺酸　　**10.** 2,4-二硝基苯酚

11. 5-甲基-4-溴-2-己酮　　**12.** 6-甲基-4-乙基-3-环己烯酮

13. R-3-甲基-2-乙基-2-溴-1-丁醇　　**14.** L-2-甲基-2-羟基-3-氯丙醛

15. (2Z,4E)-3-叔丁基-2,4 己二烯

二、完成下列反应式（不反应者，在“→”后注明“不反应”，每题 2 分，计 30 分）

1. $(CH_3)_3C$—（苯环）—COOH　　**2.** $CH_3CHClCH_3$

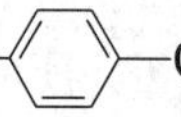

3. 4-溴-1-溴环己烯(1,4-dibromocyclohex-2-ene) + 3,4-dibromocyclohexene (structures with Br substituents)

4. $(CH_3)_2CHCl$

5. $CH_3\overset{\overset{O}{\|}}{C}(CH_2)_4COOH$

6. $CH_3CH_2CHBrCH_2Br + CH_3CH_2CHClCH_2Br$

7. $^{-}OOC-C_6H_4-COO^{-} + CHI_3$ (para)

8. $(CH_3)_2C{=}CHCH_2CH_3$

9. m-$ClC_6H_4NO_2$ (Cl and NO_2 meta on benzene ring)

10. $^{-}O-C_6H_4-CH_2OH$ (para)

11. $CH_3CH_2C(CN)(OH)CH_3$

12. $C_6H_5-CH_2CH(OH)CH(CHO)-C_6H_5$

13. $C_6H_5-CH_2CH_3$

14. cyclohexenyl$-CH_2CH_2OH$

15. 2,4,6-tribromophenol (Br, Br, Br, OH on benzene ring)

三、**结构推导**(不要求写出推导过程和理由,每个结构 2 分,计 10 分)

1. A: $CH_3CH_2CH_2CH(OH)CH(CH_3)_2$ 或 $CH_3(CH_2)_3C(OH)(CH_3)_2$

B: $CH_3CH_2CH_2CH{=}C(CH_3)_2$

2. A: $(CH_3)_2CHCH(OH)CH_3$

B: $(CH_3)_2CH\overset{\overset{O}{\|}}{C}CH_3$

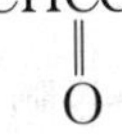

C: $(CH_3)_2C{=}CHCH_3$

四、**单选题**(选择一个最佳答案,每题 2 分,计 30 分)

1. E 2. C 3. C 4. B 5. C 6. D 7. D 8. B 9. D 10. D 11. E 12. C 13. E 14. C 15. E

(朱　荔)

第九章　羧酸与取代羧酸

小　结

（一）羧酸

羧酸含有酸性官能团羧基（—COOH），羧基从结构上看是由羰基和羟基组成，但 p-π 共轭导致羧基中的羰基和羟基与醛酮羰基和醇羟基在性质上有很大差异，不能看成羰基和醇羟基的简单组合。

羧酸的化学性质：

1. 酸性：羧酸的酸性与羧酸分子的电子效应、立体效应和溶剂化效应等相关。连有吸电子基团，则酸性增强；而连有供电子基团，则酸性减弱。羧酸酸性强于碳酸，可利用 $NaHCO_3$ 来区分羧酸和酚等酸性弱于碳酸的有机物。

2. 羧酸衍生物的生成：羧羟基被取代后可生成羧酸衍生物——酰卤、酸酐、酯、酰胺。

3. 脱羧反应：一元羧酸不易脱羧，但羧基的 α 位连有强吸电子基时，脱羧比较容易。

4. 二元羧酸受热反应：二元羧酸随着两个羧基距离不同，在加热时发生不同反应。两个羧基直接相连或只间隔一个碳原子，受热发生脱羧反应，生成一元羧酸；两个羧基间隔 2 个或 3 个碳原子，受热发生脱水反应，生成环酐；两个羧基间隔 4 个或 5 个碳原子，受热发生脱水脱羧反应，生成环酮。

5. 其他性质：羧基不易被氧化，但甲酸可发生银镜反应、乙二酸可使高锰酸钾褪色。

（二）取代羧酸

1. 取代羧酸是羧酸分子中烃基上的氢原子被其他原子或基团取代所生成的化合物，分为卤代酸、羟基酸、羰基酸、氨基酸等。本章只讨论羟基酸和羰基酸。

2. 羟基酸包括醇酸和酚酸

醇酸的化学性质：醇酸不仅具有羧酸和醇的一些典型性质，并随着羧基和羟基之间相对位置不同表现出特殊性质。醇酸的酸性比相应的羧酸的酸性强，酸性强弱取决于羟基与羧基的相对位置，酸性：α-羟基丁酸＞β-羟基丁酸＞丁酸。醇酸随羟基和羧基的相对位置不同受热发生不同的脱水反应：α-羟基酸受热发生分子间脱水生成交酯；β-羟基酸受热发生分子内脱水生成 α，β-不饱和酸；γ-羟基酸受热发生分子内脱水生成 γ-内酯。δ-羟基酸加热发生分子内脱水生成 δ-内酯。

酚酸的化学性质：酚酸具有酚和芳香酸的一般化学性质。酚酸的酸性受诱导效应、共轭效应和邻位效应等的影响，其酸性随羟基和羧基的相对位置不同而表现出明显差异，酸性：邻羟基苯甲酸＞间羟基苯甲酸＞苯甲酸＞对羟基苯甲酸。酚酸羟基处于羧基的邻位或对位时，加热易发生脱羧反应生成酚。

3. 羰基酸分为醛酸和酮酸

酮酸具有酮和羧酸的一般性质，并有羧基和酮基彼此影响所表现的特殊性质。酮酸的酸性比相应的醇酸强。β-酮酸的分解反应：β-酮酸加热脱羧生成酮，称为酮式分解；β-酮酸与浓碱共热，α-碳原子和β-碳原子之间发生断裂生成2分子羧酸盐，称为酸式分解。

β-羟基丁酸、β-丁酮酸和丙酮，三者在医学上称为酮体。

习　题

一、单选题

1. 下列物质中酸性最强的是：（　　）

A. HCOOH　B. CH_3COOH　C. C_6H_5COOH

D. $HOOCCOO^-$　E. C_6H_5OH

2. 下列化合物最不易被氧化的是：（　　）

A. 乙醇　B. 乙醛　C. 甲酸

D. 乙酸　E. 酚

3. 下列羧酸与乙醇最易酯化的是：（　　）

A. 环己基甲酸　B. 丙酸　C. 苯甲酸

D. 乙酸　E. 甲酸

4. 不具有p-π共轭的分子为：（　　）

A. 氯乙烯　B. 苯酚　C. 乙酸

D. 乙醛　E. 乙酸丁酯

5. 下列化合物中酸性最强的是：（　　）

A. 丁酸　B. 2-羟基丁酸　C. 2-丁酮酸

D. 3-丁酮酸　E. 3-羟基丁酸

6. (a) 苯甲酸，(b) 邻羟基苯甲酸，(c) 对羟基苯甲酸，其酸性由强到弱排序为：（　　）

A. (a)>(b)>(c)　B. (b)>(a)>(c)

C. (c)>(b)>(a)　D. (b)>(c)>(a)

E. (a)>(c)>(b)

7. 化合物(a) 丙酮，(b) α-丙酮酸，(c) β-丁酮酸，(d) 乳酸，(e) β-羟基丁酸，酮体是指：（　　）

A. (a)(b)(c)　B. (b)(c)(d)　C. (c)(d)(e)

D. (a)(c)(e)　E. (b)(d)(e)

8. 酮体中酸性最强的是：（　　）

A. β-羟基丁酸　B. 丙酮　C. β-丁酮酸

D. 草酰乙酸　E. α-丁酮酸

9. 加热难以发生脱羧反应的是：（　　）

A. 丁酸　B. β-丁酮酸　C. 草酰乙酸

D. 水杨酸　E. 没食子酸

10. 某羟基酸依次与HBr、Na_2CO_3和KCN反应，再经水解(氰基水解为羧基)，得到的水解产物加热后生成甲基丙酸。原羟基酸为：（　　）

A. α-羟基丁酸　B. β-羟基丁酸

C. γ-羟基丁酸　　D. α-甲基-α-羟基丙酸

E. α-甲基-β-羟基丙酸

11. 加适量溴水于饱和水杨酸溶液中，立即产生的白色沉淀是：　　(　　)

A. 2-羟基-6-溴苯甲酸　　B. 2-羟基-3，4-二溴苯甲酸

C. 2-羟基-3，5-二溴苯甲酸　　D. 2-溴苯甲酸

E. 2-羟基苯甲酰溴

12. 加热脱水生成 α，β-不饱和酸的是：　　(　　)

A. 乳酸　　B. β-羟基丁酸

C. γ-羟基丁酸　　D. δ-羟基戊酸

E. 丁二酸

二、用系统命名法命名下列化合物

1. $(CH_3)_2CHCH_2COOH$

2. $CH_3CHClCHBrCOOH$

3. 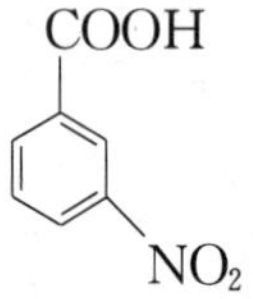 （苯环：1-COOH，3-NO_2）

4. $C_6H_5C(CH_3)=CHCOOH$

5. 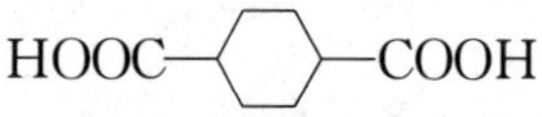 HOOC—（环己烷-1,4-二基）—COOH

6. 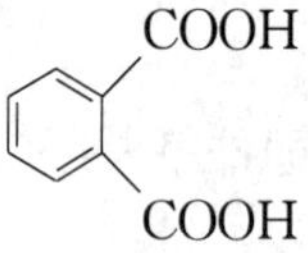 （苯环：1,2-二 COOH）

7. CH_3COCH_2COOH（$CH_3\overset{\overset{O}{\|}}{C}CH_2COOH$）

8. 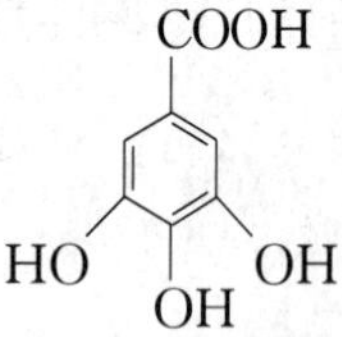 （苯环：1-COOH，3,4,5-三 OH）

9. $HOOCCOCH_2CH_2COOH$

10. HO—CHCOOH（CH 上连 CH_2COOH）

11. $CH_2(OH)CH(OH)COOH$

12. 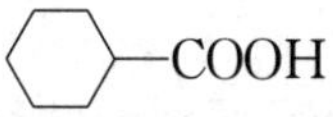 （环己基）—COOH

三、完成下列反应式

1. 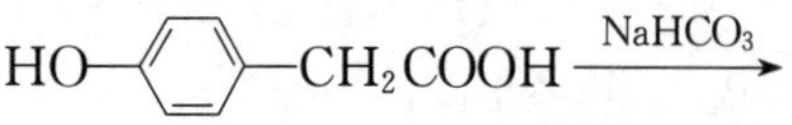 HO—（对亚苯基）—$CH_2COOH \xrightarrow{NaHCO_3}$

2. $C_6H_4(CH_2COOH)_2$（邻位）$\xrightarrow{\triangle}$

3. $CH_2{=}CHCH_2COOH \xrightarrow[\triangle]{NH_3}$

4. $HOOC—\underset{\displaystyle CH_3}{\underset{|}{CH}}—COOH \xrightarrow{\triangle}$

5. 3-甲基环戊烷-1,2-二甲酸（H$_3$C、COOH、COOH 取代的环戊烷）$\xrightarrow{\triangle}$

6. $Cl_3C—COOH \xrightarrow{\triangle}$

7. $HO—\underset{\displaystyle CH_2CH_2COOH}{\underset{|}{CH}}CH_2COOH \xrightarrow{\triangle}$

8. $CH_3\underset{\displaystyle OH}{\underset{|}{CH}}COOH \xrightarrow{\triangle}$

9. $CH_3CO\overset{\displaystyle CH_3}{\overset{|}{\underset{\displaystyle C_6H_5}{\underset{|}{C}}}}COOH \xrightarrow{\triangle}$

10. 2-氧代环己烷甲酸（环己酮 α 位带 COOH）$\xrightarrow[\triangle]{浓\ NaOH}$

11. $CH_3\overset{\displaystyle OH}{\overset{|}{CH}}CH_2CH_2COOH \xrightarrow{\triangle}$

12. $CH_3CH_2CH_2COOH \xrightarrow{SOCl_2}$

13. 邻羟基苯甲酸（苯环上 COOH、OH 邻位）$\xrightarrow{200\ ℃}$

14. 邻羟甲基苯甲酸（苯环上 COOH、CH_2OH 邻位）$\xrightarrow[\triangle]{H^+}$

15. $CH_3COCH_2CH_2COOH + CH_3CH_2OH \xrightarrow[\triangle]{H_2SO_4}$

四、结构推导

1. 化合物 A、B、C 的分子式均为 $C_4H_6O_4$。A 和 B 都能与 $NaHCO_3$ 溶液作用放出 CO_2，而 C 不能。A 加热时失水生成酸酐（分子式为 $C_4H_4O_3$）；B 加热时放出 CO_2 生成丙酸;C 在酸性溶液中水解得化合物 D 和 E。D 具有酸性,受热时也能放出 CO_2;E 与金属钠作用能放出氢气。试写出 A、B、C 的结构式及各步反应的方程式。

2. 某化合物 A(C_9H_9OBr)不能发生碘仿反应,但能与 2,4-二硝基苯肼作用。A 经还原得化合物 B($C_9H_{11}OBr$),B 与浓 H_2SO_4 共热得化合物 C(C_9H_9Br),C 具有顺反异构体,且氧化可得对溴苯甲酸。试推断 A、B、C 的结构式。

参考答案

一、单选题

1. A **2.** D **3.** E **4.** D **5.** C **6.** B **7.** D **8.** C **9.** A **10.** D **11.** C **12.** B

二、用系统命名法命名下列化合物

1. 3-甲基丁酸
2. 3-氯-2-溴丁酸
3. 间硝基苯甲酸
4. 3-苯基-2-丁烯酸
5. 1,4-环己基二甲酸
6. 邻苯二甲酸
7. 3-丁酮酸
8. 3,4,5-三羟基苯甲酸
9. 2-酮戊二酸
10. 2-羟基丁二酸
11. 2,3-二羟基丙酸
12. 环己基甲酸

三、完成下列反应式

1. 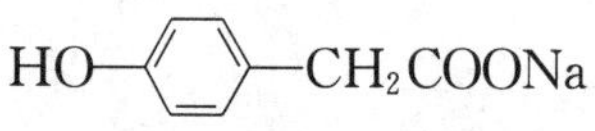 HO—C_6H_4—CH_2COONa

2. 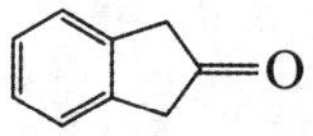 (2-茚满酮结构式)

3. $CH_2=CHCH_2CONH_2$

4. $CH_3CH_2COOH+CO_2$

5. 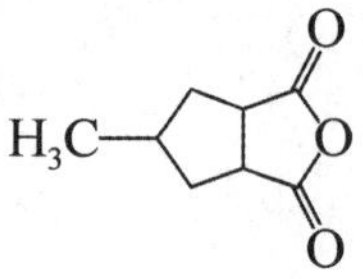 H_3C—(环戊烷并酸酐结构式,O、O、O)

6. $CHCl_3+CO_2$

7. 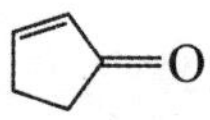 (环戊烯酮结构式)=O

8. 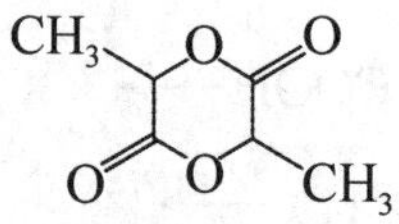 (交酯结构式:CH_3、O、O、O、O、CH_3)

9. $CH_3COCH(C_6H_5)CH_3$

10. $NaOOC(CH_2)_5COONa$

11. 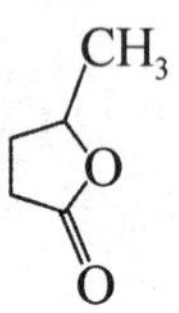 (γ-戊内酯结构式:CH_3、O、O)

12. $CH_3CH_2CH_2COCl$

13. 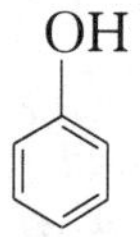 (苯酚结构式:OH)

14. 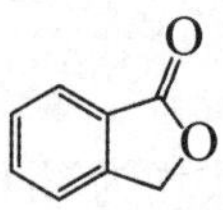 (苯酞结构式:O、O)

15. $CH_3COCH_2CH_2COOCH_2CH_3$

四、结构推导

1. A：$HOOCCH_2CH_2COOH \xrightarrow{\triangle}$ (丁二酸酐)

B：$HOOC\underset{}{C}(CH_3)HCOOH \xrightarrow{\triangle} CH_3CH_2COOH + CO_2$

C：$H_3COOCCOOCH_3 \xrightarrow[\triangle]{H_2O,H^+} HOOCCOOH + CH_3OH$

D：$HOOCCOOH \xrightarrow{\triangle} HCOOH + CO_2$

E：$CH_3OH + Na \longrightarrow CH_3ONa + H_2$

2. A：$Br-C_6H_4-COCH_2CH_3$

B：$Br-C_6H_4-CH(OH)CH_2CH_3$

C：$Br-C_6H_4-CH=CHCH_3$

（何广武）

第十章　羧酸衍生物

小　结

羧酸衍生物（酰卤、酸酐、酯、酰胺）通式为 $R-\overset{O}{\overset{\|}{C}}-L$ ，分子结构中都含酰基（RCO—）。

1. 羧酸衍生物的命名

酰基命名是根据相应羧酸名称，改“酸”为“酰基”即可。

羧酸衍生物命名可分两种情况。酯、酸酐是根据相应羧酸名称，命名为某酸某（醇）酯、某酸酐；而酰卤、酰胺则是根据酰基和 L 基团的名称，命名为某酰卤、某酰胺等。

2. 羧酸衍生物的化学性质

羧酸衍生物能与水、醇、氨（胺）发生亲核取代反应，反应通式为：

$$R-\overset{O}{\overset{\|}{C}}-L + HNu \longrightarrow R-\overset{O}{\overset{\|}{C}}-Nu + HL$$

羧酸衍生物的水解、醇解、氨解反应也称酰化反应。羧酸衍生物发生酰化反应活性强弱次序为：酰卤＞酸酐＞酯＞酰胺。酰卤、酸酐（特别是乙酰氯、乙酐）是常用酰化剂。

羧酸衍生物的水解、醇解、氨解是一种亲核取代反应。这种亲核取代反应实际上是按先亲核加成后消除的反应历程进行。

$$R-\overset{O}{\overset{\|}{C}}-L \xrightarrow[\text{亲核加成}]{+Nu^-} R-\underset{Nu}{\underset{|}{\overset{O^-}{\overset{|}{C}}}}-L \xrightarrow[\text{消除}]{-L^-} R-\overset{O}{\overset{\|}{C}}-Nu + L^-$$

3. 碳酸衍生物

（1）脲（尿素）

尿素具有弱碱性，能被催化水解；尿素与亚硝酸反应生成氮气和二氧化碳；尿素加热缩合成缩二脲，缩二脲与碱性硫酸铜发生显色反应称为缩二脲反应。缩二脲反应可鉴别蛋白质、多肽（二肽除外）等具有相邻酰胺键的物质。

（2）胍

胍又称为亚氨基脲，具有强碱性。

习　题

一、单选题

1. 下列酯最易水解的是：（　　）

A. 乙酸乙酯　　B. 甲酸乙酯　　C. 甲酸甲酯
D. 苯甲酸甲酯　　E. 乙酸甲酯

2. 下列物质酰化反应活性最大的是：（　）
A. 乙酰氯　　B. 乙酸酐　　C. 乙酸
D. 乙酸乙酯　　E. 乙酰胺

3. 羧酸不能与哪种试剂形成酰卤：（　）
A. PCl_5　　B. PCl_3　　C. PBr_3
D. $SOCl_2$　　E. HCl

4. 下列化合物氨解活性最强的是：（　）
A. 乙酸酐　　B. 乙酸乙酯　　C. 乙酰胺
D. 乙酰氯　　E. 乙酸

5. 下列化合物能与水杨酸反应合成阿司匹林的是：（　）
A. 乙酰胺　　B. 乙酸　　C. 丁二酸酐
D. 乙酸酐　　E. 乙酸乙酯

6. 酯的碱性水解机理是：（　）
A. 亲核取代　　B. 亲电取代　　C. 先亲核加成后消除
D. 消去反应　　E. 亲核加成

7. 下列物质可发生缩二脲反应的是：（　）
A. 尿素　　B. 缩二脲　　C. 丙氨酸
D. 胍　　E. 乙酰胺

8. 关于尿素性质的描述不正确的是：（　）
A. 具有碱性　　B. 可被酸或碱催化水解
C. 可与亚硝酸反应放出氮气　　D. 可发生缩二脲反应
E. 可以缩合成缩二脲

9. 下列化合物中可发生银镜反应的是：（　）
A. 乙酸酐　　B. 甲酸乙酯　　C. 乙酰胺
D. 乙酰氯　　E. 乙酸乙酯

10. 下列化合物中不溶于水的是：（　）
A. 乙醇　　B. 乙酸　　C. 乙酰胺
D. 乙酸乙酯　　E. 甲胺

二、用系统命名法命名下列化合物

1. Br—⟨苯环⟩—COBr

2. （结构式：3-位带 H_3C 的环状酸酐，五元环含 O，两个 C=O）

3. $C_6H_5COOC_6H_5$

4. $C_6H_5CH_2OCH$（OCH 中 C 上有 =O）

5. CH_2COOH | $CH_2COOC_2H_5$

6. 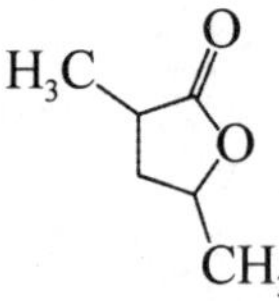 (H$_3$C, O, O, CH_3 ring structure)

7. $CH_3CH_2COOCOCH_3$

8. $C_2H_5OOCCH_2COOCH_3$

9. 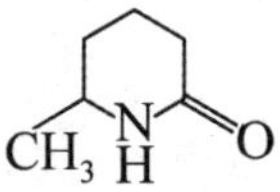 (ring structure: CH_3, N, H, O)

10. $HCON(CH_3)_2$

三、完成下列反应式

1.  (cyclohexyl)$-CH_2COOH \xrightarrow{SOCl_2}$

2. (γ-butyrolactone: O, O) $\xrightarrow[\triangle]{OH^-}$

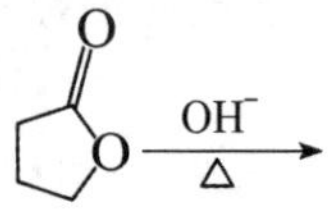

3. 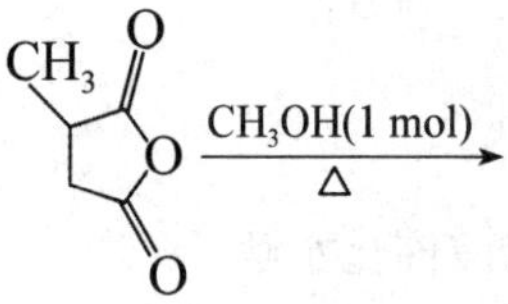 (CH_3, O, O, O cyclic anhydride) $\xrightarrow[\triangle]{CH_3OH(1\ mol)}$

4. 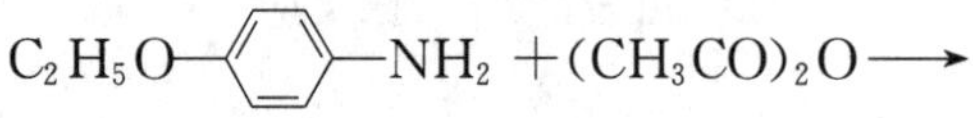 C_2H_5O-(phenylene)$-NH_2 + (CH_3CO)_2O \longrightarrow$

5. 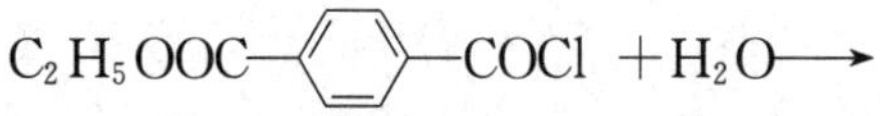 C_2H_5OOC-(phenylene)$-COCl + H_2O \longrightarrow$

6.  (cyclopentenyl)$-CONHCH_3 \xrightarrow[H_3O^+\triangle]{OH^-}$

7. $NH_2CONH_2 + HNO_2 \longrightarrow$

8. $CH_3COOCH_3 + CH_3NH_2 \xrightarrow{\triangle}$

9. $NH_2CONH_2 + H_2O \xrightarrow[\triangle]{NaOH}$

10. 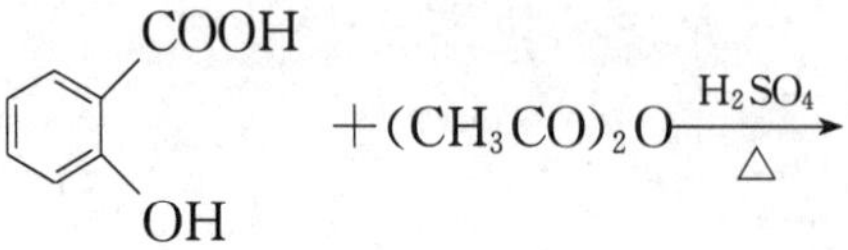 (benzene ring with COOH, OH) $+ (CH_3CO)_2O \xrightarrow[\triangle]{H_2SO_4}$

四、结构推导

1. 化合物 A、B 的分子式均为 $C_5H_6O_3$。A 与一分子乙醇作用得到 2 个互为异构体的化合物 C 和 D，分子式为 $C_7H_{12}O_4$，C 和 D 分别与 PCl_3 作用后再加入乙醇则得到同一种化合物 E。B 与乙醇作用只能得到一种化合物 F。试写出 A、B、C、D、E、F 的结构式。
2. 化合物 A、B、C 的分子式均为 $C_3H_6O_2$，A 水解后的溶液能发生银镜反应，加入碘的碱性溶液产生黄色沉淀；B 水解后溶液不能发生银镜反应；C 不能水解，能与碳酸氢钠作用放出气体。试写出 A、B、C 的结构式。

参考答案

一、单选题

1. C　**2.** A　**3.** E　**4.** D　**5.** D　**6.** C　**7.** B　**8.** D　**9.** B　**10.** D

二、用系统命名法命名下列化合物

1. 对溴苯甲酰溴　　**2.** 2-甲基丁二酸酐

3. 苯甲酸苯酯　　**4.** 甲酸苄酯

5. 丁二酸氢乙酯　　**6.** 2-甲基-4-戊内酯

7. 乙丙酐　　**8.** 丙二酸甲乙酯

9. 5-己内酰胺　　**10.** N,N-二甲基甲酰胺

三、完成下列反应式

1. 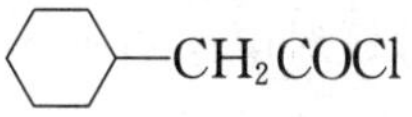 (环己基)—CH_2COCl

2. $HOCH_2CH_2CH_2COO^-$

3. CH_3—$CH(CH_2COOCH_3)COOH$　　CH_3—$CH(CH_2COOH)COOCH_3$

4. 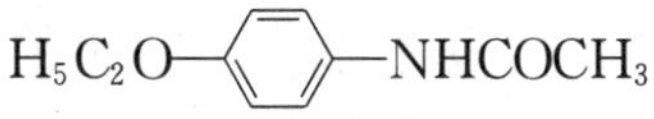 H_5C_2O—(对亚苯基)—$NHCOCH_3$　　**5.** 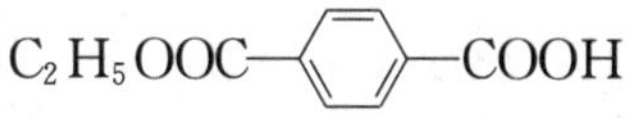 C_2H_5OOC—(对亚苯基)—$COOH$

6. 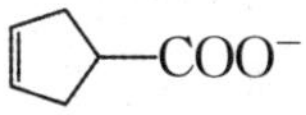 (环戊烯基)—$COO^- + CH_3NH_2$　　**7.** $N_2 + CO_2 + H_2O$

8. $CH_3CONHCH_3$　　**9.** $NH_3 + Na_2CO_3$

10. 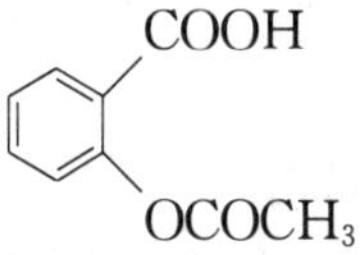 邻位取代苯：—$COOH$，—$OCOCH_3$

四、结构推导

1. A：(2-甲基丁二酸酐，H_3C 取代的五元环酐)　　B：(戊二酸酐，六元环酐)

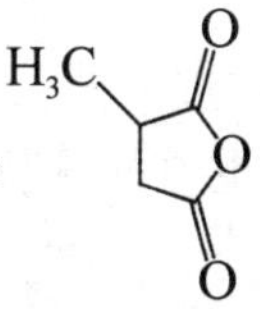

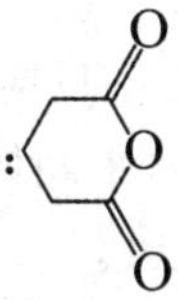

C 或 D：$C_2H_5OOCCH(CH_3)CH_2COOH$　$HOOCCH(CH_3)CH_2COOC_2H_5$

E：$C_2H_5OOCCH(CH_3)CH_2COOC_2H_5$

F：$C_2H_5OOC(CH_2)_3COOH$

2. A：$HCOOCH_2CH_3$

B：CH_3COOCH_3

C：CH_3CH_2COOH

（何广武）

第十一章　胺和生物碱

小　结

1. 根据氨(NH_3)分子中氢原子被取代的个数，胺可分为伯胺、仲胺和叔胺。

根据氨(NH_3)分子中氢原子被不同种类的烃基取代，胺可分为脂肪胺和芳香胺；

根据分子中所含氨基数目的不同，可分为一元胺、二元胺和多元胺；

根据氢氧化铵和铵盐中的氢是否完全被取代，可分为季铵碱、季铵盐以及胺的盐。

2. 简单的胺命名时，可命名成烃基名＋胺。复杂的胺，则可将 H_2N—(氨基)、RNH—(烷氨基)、R_2N—(二烷氨基)视作取代基而命名。

3. 脂肪胺类化合物具有类似氨的结构，即氮原子上有一对孤对电子占据另一个 sp^3 杂化轨道，形成具有棱锥形结构的分子。

在芳香胺中，氮上孤对电子占据的不等性 sp^3 杂化轨道与苯环 p 轨道能发生重叠，原来属于氮原子的一对孤对电子分布在由氮原子和苯环所组成的共轭体系中。

4. 胺的化学性质

胺中的氮原子和氨中一样，有一对未共用电子对，能接受质子，因此胺具有碱性。影响脂肪胺碱性的因素有三个：电子效应、溶剂化作用和位阻效应。脂肪胺无论伯、仲或叔胺，其碱性都比氨强；在水溶液中，脂肪胺一般以仲胺的碱性最强。而芳香胺的碱性比氨弱。

伯、仲胺都能发生酰化、磺酰化(兴斯堡)反应，可利用此性质鉴定伯胺和仲胺。叔胺不发生酰化、磺酰化反应。

伯、仲、叔胺与亚硝酸反应时，产物各不相同，借此可区别三种胺。

芳香族伯胺分子中的氨基使芳香环高度活化，一般芳香族伯胺的亲电取代反应难以停留在一取代阶段。

5. 芳香伯胺与亚硝酸在低温及过量强酸水溶液中反应生成芳香重氮盐。

芳香重氮盐化学性质很活泼，是有机合成的重要中间体。芳香重氮盐的反应主要分为取代反应(放氮反应)和偶联反应(留氮反应)两大类。

取代反应(放氮反应)：重氮基在不同条件下，可被羟基、卤素、氰基、氢原子等取代，生成相应的芳香族衍生物，放出氮气，利用这些反应可以从芳香烃开始合成一系列芳香族化合物。放氮反应是亲核取代反应。

偶联反应(留氮反应)：重氮盐与酚类或芳香胺发生偶联反应，生成有颜色的偶氮化合物，偶联时，如果羟基或氨基的对位有其他原子或原子团，则可在邻位偶联；如果对位及邻位都有取代基时，则不发生反应。留氮反应是芳环的亲电取代反应。

习　题

一、单选题

1. 下列化合物中，碱性最强的是：（　　）

A. 乙酰胺　B. 二乙胺　C. 三乙胺
D. 苯胺　E. 丁二酰胺

2. 下列化合物属于季铵盐的是：（　　）

A. $C_6H_5N_2^+Cl^-$

B. $C_6H_5NH_3^+Cl^-$

C. $H_3^+N-C_6H_4-SO_3^-$

D. $C_6H_5-N=N-C_6H_4-NH_2 \cdot HCl$

E. $C_6H_5-CH_2N^+(CH_3)_3Br^-$

3. 与亚硝酸作用放出氮气的化合物是：（　　）

A. H_2NCONH_2　B. $CH_3NHCH_2CH_3$
C. $C_6H_5CON(CH_3)_2$　D. $(CH_3)_2NCH_2CH_3$
E. $(CH_3CH_2)_4N^+Cl^-$

4. 在碱溶液中加热，放出的气体能使湿润的红色石蕊试纸变蓝的是：（　　）

A. 乙基正丙基胺　B. 苯胺　C. 三丙胺
D. 苯甲酰胺　E. 苄胺

5. 不能发生酰化反应的是：（　　）

A. $CH_3CH_2NH_2$　B. $CH_3CH_2NHCH_3$　C. $CH_3CH_2N(CH_3)_2$
D. 六氢吡啶（哌啶，环中含 N—H）　E. $C_6H_5NH_2$

6. 磺胺类药物的基本结构是：（　　）

A. $H_2N-C_6H_4-CONH_2$　B. $H_2N-C_6H_4-SO_2NH_2$
C. $HO-C_6H_4-SO_2NH_2$　D. $H_2N-C_6H_4-SO_3H$
E. $C_6H_5-SO_2NH_2$

7. 重氮盐在低温下与酚类化合物的偶联反应属于：（　　）

A. 亲电取代反应　B. 亲核加成反应　C. 亲核取代反应
D. 游离基取代反应　E. 亲电加成反应

8. 能与亚硝酸作用生成难溶于水的黄色油状物的化合物是：（　　）

A. 乙胺　B. 六氢吡啶　C. 二甲基苄胺

D. 胆碱　　　　　　　　　E. N,N-二甲基甲酰胺

9. 在保存和使用氨苄青霉素钠时应防止水解，这是因为它的分子中存在：（　　）

A. 酸酐结构　　　　B. 内酯结构　　　　C. 环醚结构

D. 酰胺结构　　　　E. 羧酸结构

10. 下列化合物碱性由强到弱的是：（　　）

(a) NH_2, Cl
(b) 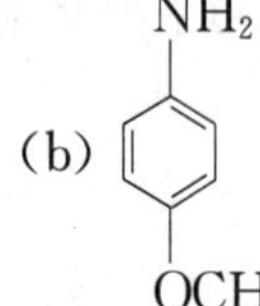
(c) 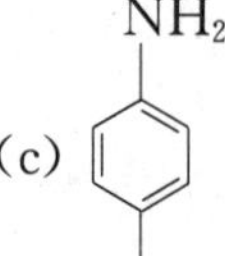
(d) CH_2NH_2

A. (b)>(a)>(d)>(c)　　　　B. (d)>(b)>(a)>(c)

C. (c)>(a)>(d)>(b)　　　　D. (d)>(a)>(b)>(c)

E. (a)>(b)>(d)>(c)

二、用系统命名法命名下列化合物

1. NH_2, OCH_3

2. CH_3, N, C_2H_5

3. $H_2NCH_2(CH_2)_4CH_2NH_2$

4. $(CH_3CH_2CH_2CH_2)_4N^+Br^-$

5. $CH_3CH{=}CHNH_2$

6. CH_3, N—C_2H_5

7. H; $CH_3CH_2CH_2$—CH_3; NH_2 (D/L)

8. Cl; H_3C—CH_2CH_3; NH_2 (R/S)

9. $[CH_3CH{=}CH—N^+(CH_2CH_3)(CH_3)(CH_2CH{=}CH_2)]OH^-$ (R/S)

10. $CH_3CH_2CHCH_2CH_2CH_3$ ($NH(CH_2CH_3)_2$ 连于 CH)

三、完成下列反应式

1. $H_3C-C_6H_4-NH_2 + (CH_3CO)_2O \longrightarrow$

2. 四氢吡咯 NH + $HNO_2 \longrightarrow$

3. $H_3C-C_6H_4-SO_2Cl + C_6H_5-NHCH_3 \longrightarrow$

4. 邻位 COOH、CH_2NH_2 取代苯 $\xrightarrow{\triangle}$

5. $(C_2H_5)_3N + CH_3CHCH_3 \longrightarrow$ (Br 连于 CH)

6. $C_6H_5N(C_2H_5)_2 + HNO_2 \longrightarrow$

7. 丁二酸酐（O、O、O） $+ CH_3NH_2 \longrightarrow$

8. $CH_3CH_2NH_2 + HNO_2 \longrightarrow$

9. $C_6H_5NHCH_3 + HNO_2 \longrightarrow$

10. $C_6H_5N_2^+Cl^- + KCN \xrightarrow{Cu_2(CN)_2}$

11. $C_6H_5N_2^+Cl^- + H_3C-C_6H_4-OH \xrightarrow[0\ ℃]{pH\ 8\sim9}$

12. $C_6H_5-SO_2NH-C_6H_5 \xrightarrow{NaOH}$

四、结构推导

1. 化合物 A 的分子式为 $C_5H_{11}O_2N$，具有旋光性，用稀碱处理发生水解可生成 B 和 C。B 也具有旋光性，它既能与酸反应生成盐，也能与碱反应生成盐，并与 HNO_2 反应放出 N_2。C 没有旋光性，但能与金属钠反应放出氢气，并能发生碘仿反应。试写出 A、B、C 的结构式。

2. 分子式同为 $C_7H_7O_2N$ 的化合物 A,B,C,D 都含有苯环。A 能溶于酸和碱；B 能溶于酸而不溶于碱；C 能溶于碱而不溶于酸；D 不能溶于酸和碱。试写出 A、B、C、D 的可能结构式。

参考答案

一、单选题

1. B **2.** E **3.** A **4.** D **5.** C **6.** B **7.** A **8.** B **9.** D **10.** B

二、用系统命名法命名下列化合物

1. 间甲氧基苯胺
2. 甲基乙基环己胺
3. 1,6-己二胺
4. 溴化四正丁铵
5. 丙烯胺
6. N-甲基-N-乙基苯胺
7. L-2-戊胺
8. R-2-氯-2-丁胺
9. 氢氧化-S-甲基乙基烯丙基丙烯基铵
10. 3-二乙氨基己烷

三、完成下列反应式

1. $H_3C-C_6H_4-NHCOCH_3$ (对位)

2. 吡咯烷-N—NO

3. $H_3C-C_6H_4-SO_2N(CH_3)-C_6H_5$ (对位)

4. 异吲哚啉-1-酮（结构：苯环并五元环，C=O，NH）

5. $(C_2H_5)_3\overset{+}{N}CH(CH_3)_2Br^-$

6. $N(C_2H_5)_2$ 与 NO 处于苯环对位

7. $HOOCCH_2CH_2CONHCH_3$

8. CH_3CH_2OH

9. $C_6H_5-N(CH_3)-NO$

10. C_6H_5-CN

11. $C_6H_5-N=N-$（2-羟基-4-甲基苯基）：OH 位于偶氮基邻位，CH_3 位于偶氮基对位

12. 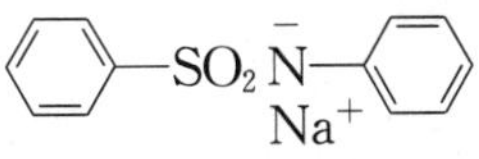 $C_6H_5-SO_2\overset{-}{N}(Na^+)-C_6H_5$

四、结构推导

1. A：$CH_3CH(NH_2)COOCH_2CH_3$

B：$CH_3CH(NH_2)COOH$

C：CH_3CH_2OH

2. A：邻氨基苯甲酸（苯环上邻位连有 $COOH$ 和 NH_2）

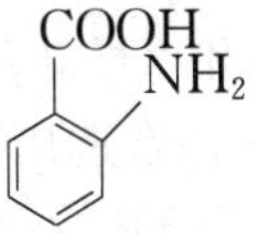

B：苯环上邻位连有 $OCHO$（$-O-\overset{O}{\overset{\|}{C}}H$）和 NH_2

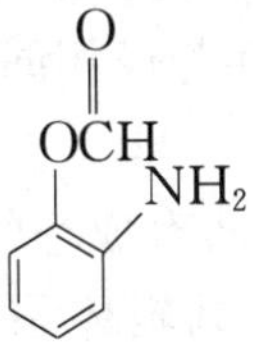

C：苯环上邻位连有 $CONH_2$ 和 OH

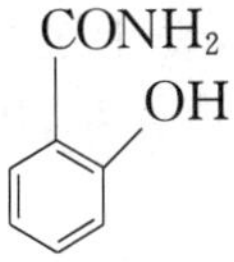

D：苯环上邻位连有 NO_2 和 CH_3

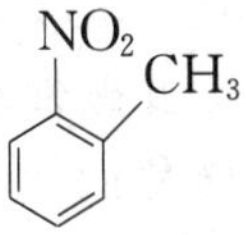

（A、B、C、D结构中两个基团的位置还可以处于间位或对位）

（张振琴）

第十二章　杂环化合物

小　结

1. 杂环化合物分为脂杂环化合物和芳杂环化合物，本章主要讨论芳杂环化合物。杂环化合物按环的形式分为单杂环和稠杂环，单杂环又分为五员杂环和六员杂环。

2. 杂环化合物的命名常采用"音译法"，即按化合物英文名称的译音选用同音汉字加"口"字偏旁表示。杂环化合物编号的原则是：单杂环的编号从杂原子开始；有多个杂原子时，按 O、S、N(NR；NH；N) 顺序编号；稠杂环的编号一般和稠环芳烃相同，但少数有例外。当杂环上连有醛基、羧基等时，将杂环作为取代基。

3. 呋喃、噻吩、吡咯等五员杂环化合物在结构上的共同点是：所有成环的原子参与形成类似苯环的闭合共轭体系，且杂原子上的孤对电子参与环的共轭体系，这样 5 个原子分享 6 个 π 电子，符合休克尔($4n+2$)规则，因此具有芳香性，易于进行亲电取代反应，反应优先发生在 α 位。吡咯环氮原子上的孤对电子参与共轭体系，因此吡咯碱性很弱。

4. 六员杂环化合物的结构以吡啶为代表，它的结构与苯非常相似，与呋喃等五员杂环化合物不同的是吡啶环氮原子上孤对电子不参与环的共轭体系，因此碱性较强。六员吡啶环中氮原子的电负性大于碳原子，碳环上的 π 电子云向氮原子转移而使电子云密度降低，因此其亲电取代反应比苯困难，只有在较强烈条件下才能发生，反应优先发生在 β 位。而亲核取代反应比较容易进行，反应优先发生在 α、γ 位。

5. 常见含氮化合物的碱性顺序为：季铵碱＞脂肪胺＞氨＞吡啶＞苯胺＞吡咯。

习　题

一、单选题

1. 体内辅酶Ⅰ的结构式为：　　　　(　　)

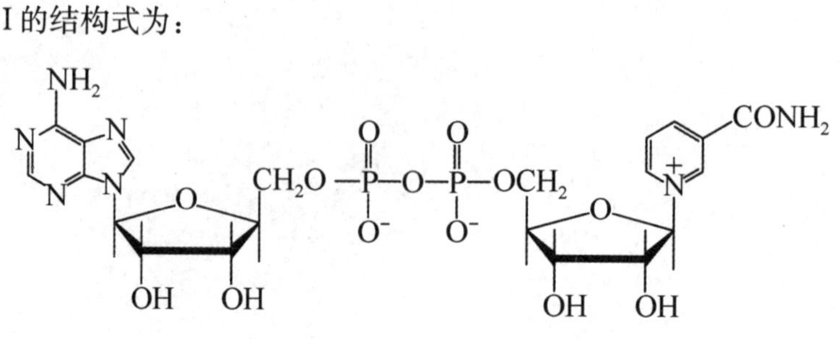

含有何种杂环基本结构：

A. 嘌呤、嘧啶　　B. 嘌呤、吡啶　　C. 喹啉、吡啶

D. 喹啉、嘧啶　　E. 吲哚、吡嗪

2. (a)  (b) 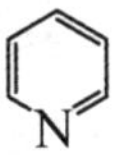 (c)

上述化合物发生亲电取代反应的活性顺序为：（　　）

A. (b)＞(a)＞(c)　　B. (c)＞(b)＞(a)

C. (a)＞(b)＞(c)　　D. (a)＞(c)＞(b)

E. (c)＞(a)＞(b)

3. 下列化合物在酸性条件下最不稳定的是：（　　）

A. 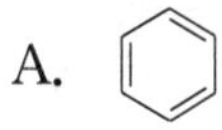　　B. 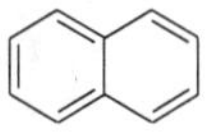　　C.

D. 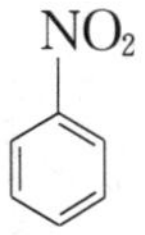　　E.

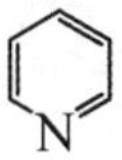

4. 吡啶硝化反应的主产物是：（　　）

A. 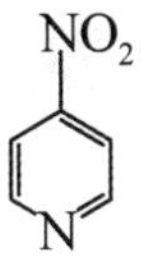　　B. 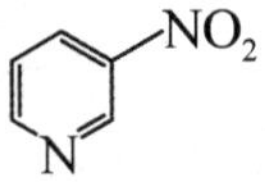　　C.

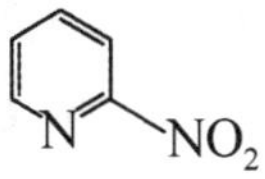

D. 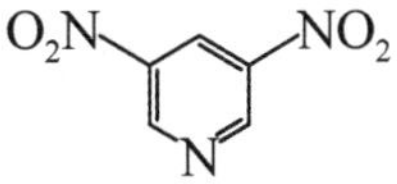　　E.

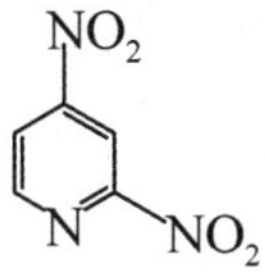

5. 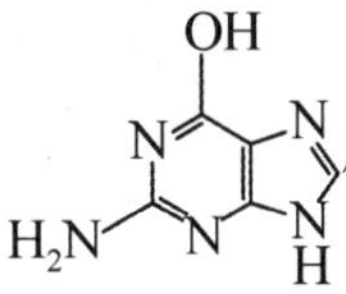 应命名为：（　　）

A. 4-羟基-6-氨基嘌呤　　B. 2-氨基-6-羟基嘌呤

C. 2-氨基-4-羟基嘌呤　　D. 5-羟基-7-氨基嘌呤

E. 4-氨基-6-羟基嘌呤

6. 下列杂环中属于嘧啶结构的是：（　　）

A. 　　B. 　　C.

D. 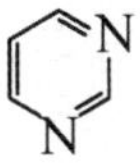　　E.

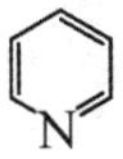

7. 在叶绿素和血红素中存在的杂环基本单元是：（　　）

A. 吡咯　　B. 呋喃　　C. 噻吩

D. 嘧啶　　E. 噻唑

8. 下列化合物碱性最弱的是：（　　）

A. 氨　　B. 甲胺　　C. 吡咯

D. 吡啶　　E. 苯胺

9. 下列杂环不具有芳香性的是：　　（　　）

A. 呋喃　　B. 吡喃　　C. 咪唑

D. 吡啶　　E. 噻吩

二、用系统命名法命名下列化合物

1. （噻吩环，4位 H_3C，2位 C_2H_5）

2. （吡咯环，N—H，3位 COOH）

3. （吡啶环，3位 $CONH_2$）

4. （吡啶环，4位 CH_3，2位 NH_2）

5. （呋喃环，2位 CHO）

6. （嘌呤环，6位 NH_2，9位 N—H）

三、完成下列反应式

1. 4-甲基吡啶（CH_3） $\xrightarrow{KMnO_4}$

2. 吡啶 $\xrightarrow[300℃]{Br_2}$

3. 吡啶 $\xrightarrow{稀HCl}$

4. 呋喃 $\xrightarrow{CH_2COONO_2}$

5. 噻吩 $\xrightarrow{浓H_2SO_4}$

6. 喹啉 $\xrightarrow[\triangle]{KMnO_4/H^+}$

7. 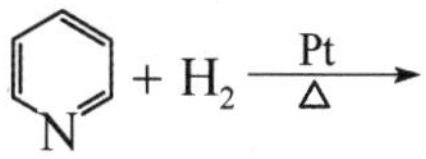 吡啶 $+ H_2 \xrightarrow[\triangle]{Pt}$

四、判断下列化合物中碱性最强的氮原子,并用"＊"标记

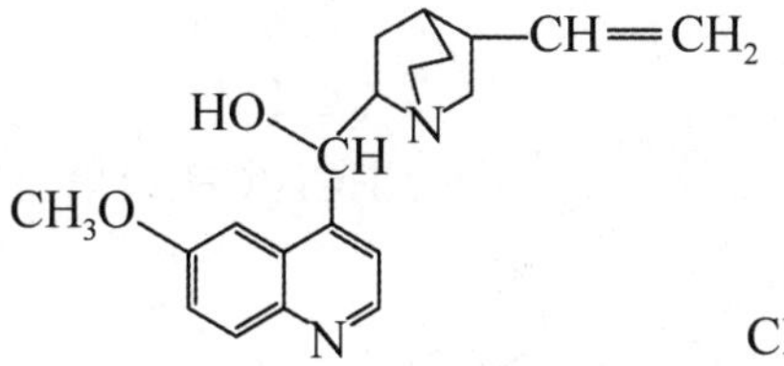

奎宁 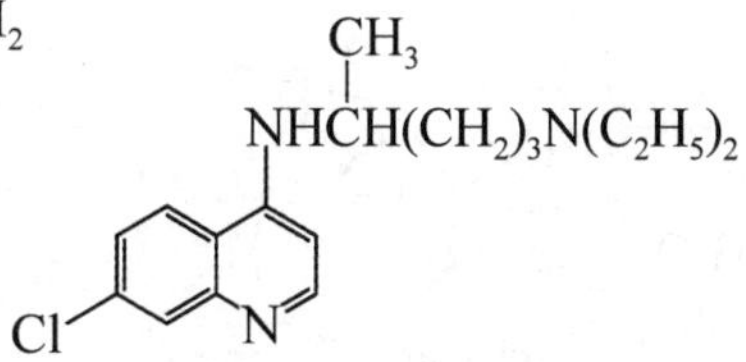　　氯喹

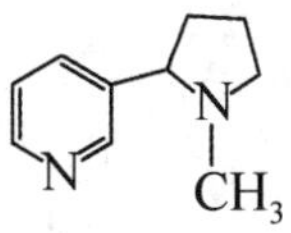

烟碱 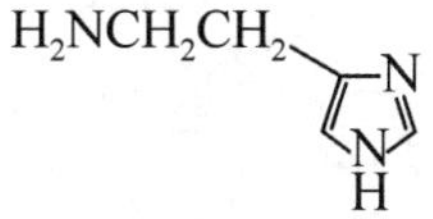　　组胺 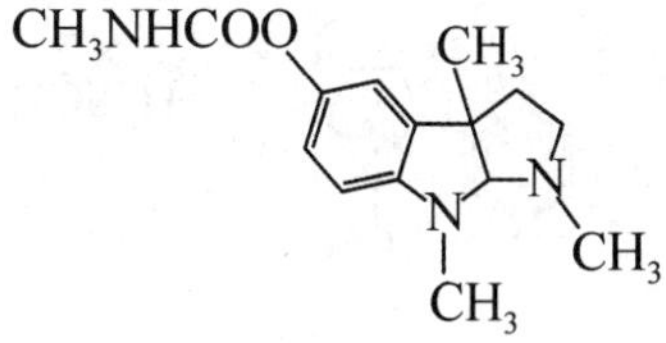　　毒扁豆碱

参考答案

一、单选题

1. B　**2.** D　**3.** C　**4.** B　**5.** B　**6.** D　**7.** A　**8.** C　**9.** B

二、用系统命名法命名下列化合物

1. 4-甲基-2-乙基噻吩

2. 3-吡咯甲酸

3. β-吡啶甲酰胺

4. 4-甲基-2-氨基吡啶

5. 2-呋喃甲醛

6. 6-氨基嘌呤

三、完成下列反应式

1. 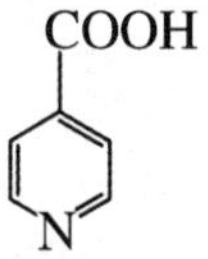 4-吡啶甲酸（COOH）

2. 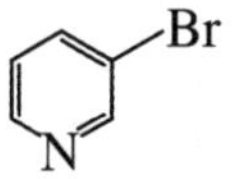 3-溴吡啶（Br）

3. 吡啶盐酸盐（Cl^-）

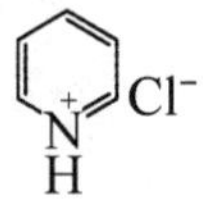

4. 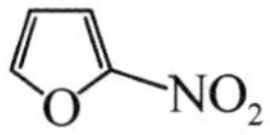 2-硝基呋喃（NO_2）

5. 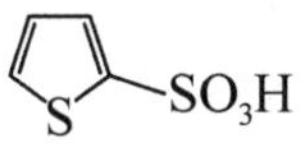 2-噻吩磺酸（SO_3H）

6. 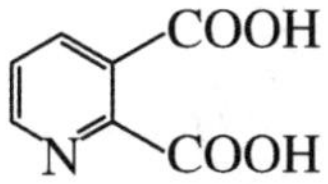 2,3-吡啶二甲酸（COOH，COOH）

7.

四、判断下列化合物中碱性最强的氮原子，并用"＊"标记

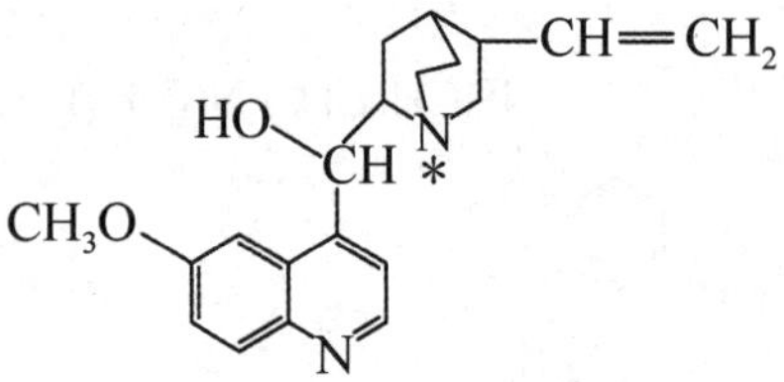

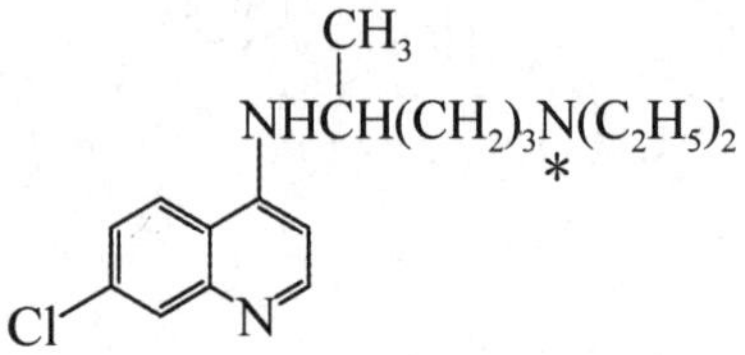

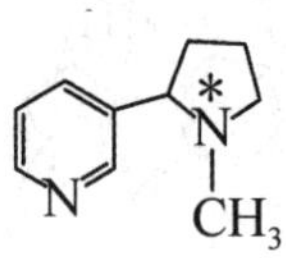

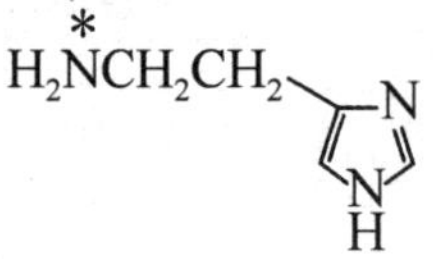

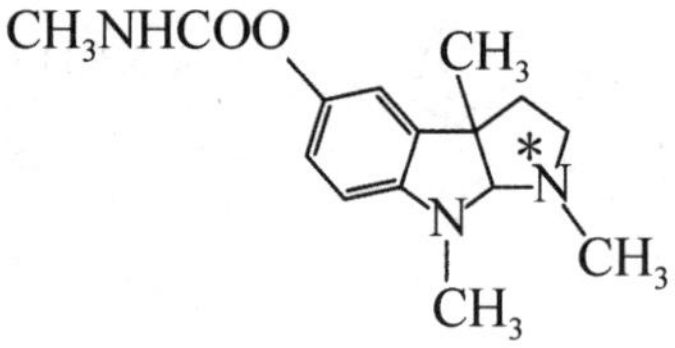

CH_3O HO CH N ＊ $-CH=CH_2$ N

CH_3 $NHCH(CH_2)_3N(C_2H_5)_2$ ＊ Cl N

N ＊ N CH_3

＊ $H_2NCH_2CH_2$ N N H

CH_3NHCOO CH_3 ＊ N N CH_3 CH_3

（何广武）

第十三章　糖　类

小　结

1. 糖类是多羟基醛或酮以及能水解产生多羟基醛或酮的化合物的总称。根据糖类水解情况，可将其分为单糖、寡糖和多糖。

2. 单糖的结构：单糖是不能再被水解成更小分子的多羟基醛或酮，可分为醛糖和酮糖。单糖的开链结构习惯用 Fischer 投影式表示，其构型多用 D/L 构型法标记，即以 D-(+)-甘油醛为标准，在糖的 Fischer 投影式中，编号最大的手性碳原子(即离羰基最远的手性碳原子)上的羟基在右边，为 D-型糖，反之为 L-型糖。自然界中的糖大多为 D-型糖。

单糖的环状结构表达式有直立氧环式、Haworth 式和构象式。单糖主要以环状半缩醛(酮)的形式存在。糖的 Haworth 结构又可根据所成之环为五元环或六元环而分别称为呋喃糖和吡喃糖。

单糖在由开链式结构转变成环状半缩醛(酮)结构时，可形成 α 和 β 两种异构体。在溶液中单糖的开链式结构和环状结构之间可以形成一个动态平衡体系，因而在溶液中可产生变旋光现象。

3. 单糖的化学性质：单糖除了具有羰基和羟基的特征反应，如氧化、还原、成缩醛或缩酮、酯化等，还具有特殊的反应，如成苷反应、碱性条件下的差向异构化反应等。

(1) 成苷反应：单糖的半缩醛(酮)羟基和含羟基的化合物(醇、酚等)作用，脱去一分子水，生成糖苷。糖苷分子中没有半缩醛羟基，故没有变旋光现象，对碱稳定，酸性条件下水解成原来的糖和非糖部分。糖部分称为糖苷基，非糖部分称为配基，糖苷基和配基之间的键称为苷键。糖有 α 和 β 两种构型，故苷键分为 α-苷键和 β-苷键，形成的苷键又可分为氧苷键、氮苷键、硫苷键和碳苷键等。

(2) 能被弱氧化剂 Tollens 试剂、Fehling 试剂和 Benedict 试剂氧化的糖称为还原糖。酮糖由于在碱性条件下能发生差向异构化为醛糖，故也有还原性，所以一切单糖都是还原糖。

溴水能氧化醛糖而不能氧化酮糖，可用于醛糖和酮糖的鉴别。单糖环状结构中的半缩醛羟基比醇型羟基活泼，半缩醛羟基可以被溴水氧化成羰基，而醇型羟基则不能。

硝酸氧化醛糖为糖二酸，酮糖则发生碳链断裂反应。

(3) 在弱酸条件下，含 β-羟基的羰基化合物易发生脱水反应，生成 α,β-不饱和羰基化合物。糖类化合物在强酸条件下加热，易脱水生成呋喃甲醛(糠醛)。糠醛及其衍生物在浓酸存在下，可以与某些酚类物质发生反应生成有色物质，可以利用这类反应来鉴别糖类物质。

4. 双糖：由一分子单糖的半缩醛羟基和另一分子单糖中的羟基脱水所形成的糖苷型结构即为双糖。根据双糖中是否保留一个半缩醛羟基，双糖可分为还原性双糖和非还原性双糖。还原性双糖保留有半缩醛羟基，有变旋光现象，能与 Tollens 试剂、Fehling 试剂和 Benedict 试剂发生反应；非还原性双糖不再有半缩醛羟基，故没有变旋光现象，不能与这些试剂反应。

5. 淀粉、糖原、纤维素都是由 D-葡萄糖组成的均多糖。直链淀粉是由 α-1，4-苷键所连接，支链淀粉主链由 α-1，4-苷键所连接，分支处为 α-1，6-苷键；糖原的结构和支链淀粉相似，分支程度更高；而纤维素则由是由 D-葡萄糖以 β-1，4-苷键所连接。

多糖由于相对分子质量大，已无单糖的特征反应，没有甜味，没有还原性和变旋光现象。

习　题

一、单选题

1. 没有还原性的糖是：（　　）

A. 葡萄糖　　B. 半乳糖　　C. 乳糖

D. 核糖　　E. 蔗糖

2. 决定葡萄糖 D/L 构型的碳原子是：（　　）

A. C-1　　B. C-2　　C. C-3

D. C-4　　E. C-5

3. D-葡萄糖和 D-果糖互为：（　　）

A. 旋光异构体　　B. 官能团异构体

C. 位置异构体　　D. 碳链异构体

E. 对映体

4. D-葡萄糖与无水乙醇在干燥的 HCl 催化下得到的产物属于：（　　）

A. 醇　　B. 醚　　C. 半缩醛

D. 缩醛　　E. 酯

5. 下列物质中属于寡糖的是：（　　）

A. 纤维素　　B. 糖原　　C. 半乳糖

D. 环糊精　　E. 果糖

6. 仅由 D-吡喃葡萄糖可以形成的双糖的数目为：（　　）

A. 11　　B. 10　　C. 8

D. 4　　E. 2

7. 下列关于单糖的说法错误的是：（　　）

A. 葡萄糖和果糖可以用溴水区分

B. 一切单糖都是还原糖

C. 蔗糖和麦芽糖可以用银镜反应来区分

D. 二羟基丙酮和甘油醛都属于丙糖

E. 糖原和纤维素都是由 D-葡萄糖通过同一种的苷键连接而成

8. 用班氏试剂检验尿糖是利用了葡萄糖的：（　　）

A. 还原性　　B. 氧化性　　C. 成酯性

D. 成苷性　　E. 旋光性

9. 下列物质中有变旋光现象的是：（　　）

A. 纤维素　　B. 蔗糖　　C. 乳糖

D. 1-磷酸葡萄糖　　E. β-D-甲基葡萄糖苷

10. 海藻糖是分子式为 $C_{12}H_{22}O_{11}$ 的一种非还原性二糖，水解后只生成 α-D-葡萄糖。海藻糖结构中的苷键为：（　　）

A. α-1,6-苷键　　B. α-1,4-苷键　　C. α-1,2-苷键

D. α-1,1-苷键　　E. β-1,4 苷键

11. 戊醛糖开链结构的旋光异构体属于 L-系列的个数为：（　　）

A. 2　　B. 3　　C. 4

D. 6　　E. 8

12. D-(＋)-葡萄糖各手性碳原子的构型依次是：（　　）

A. 2R,3S,4S,5R　　B. 2S,3R,4S,5S

C. 2R,3R,4S,5S　　D. 2R,3S,4R,5R

E. 2S,3R,4R,5R

13. 互为差向异构体的两种单糖，一定互为：（　　）

A. 端基异构体　　B. 互变异构体　　C. 对映体

D. 非对映体　　E. 碳链异构体

14. 下列糖与硝酸作用后，产生内消旋体的是：（　　）

A. 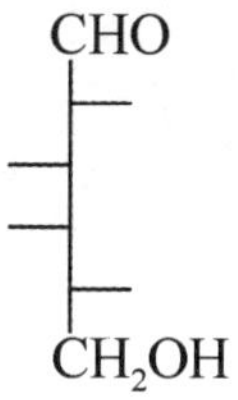 CHO / CH₂OH (Fischer projection)

B. 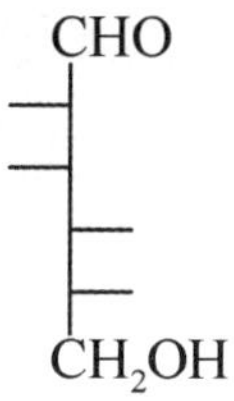 CHO / CH₂OH (Fischer projection)

C. 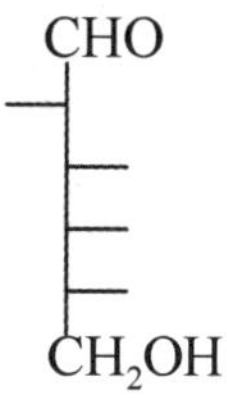 CHO / CH₂OH (Fischer projection)

D. 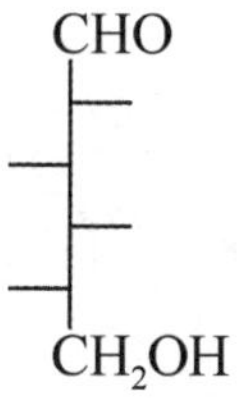 CHO / CH₂OH (Fischer projection)

E. 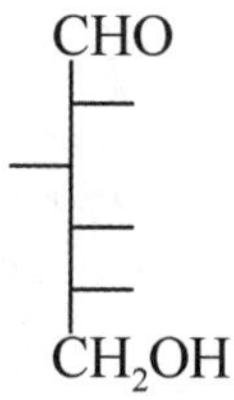 CHO / CH₂OH (Fischer projection)

15. α-D-葡萄糖的对映异构体是：（　　）

A. α-L-葡萄糖　　B. β-D-葡萄糖　　C. β-L-葡萄糖

D. α-D-葡萄糖　　E. 以上均不是

16. 下列化合物中不与托伦试剂反应的是：（　　）

A. 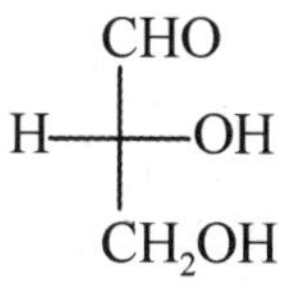 CHO; H—C—OH; CH_2OH

B. 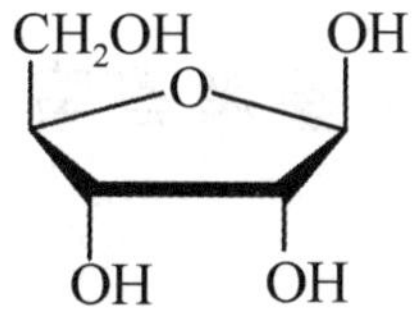 CH_2OH, O, OH; OH, OH (furanose ring)

C. H, OH, C, O; CH_2OH

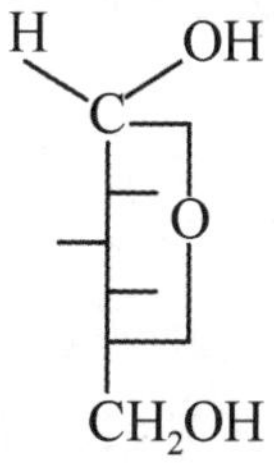

D. 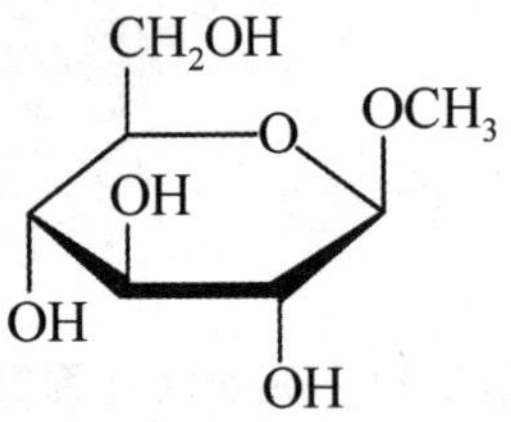 （结构式：CH_2OH、OCH_3、OH、OH、OH）　E. 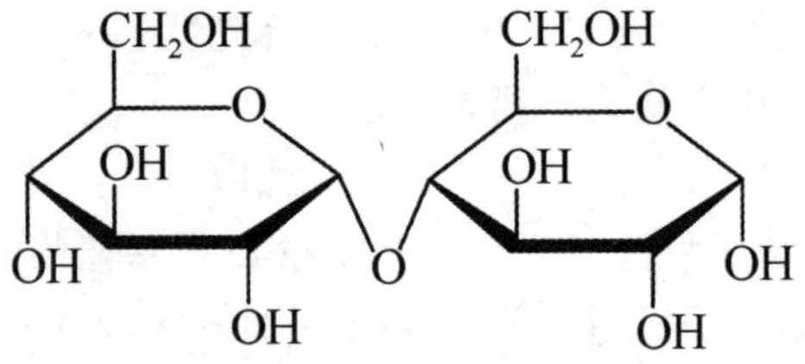 （结构式：CH_2OH、CH_2OH、O、OH、OH、OH、OH、OH）

二、用系统命名法命名下列化合物

1. 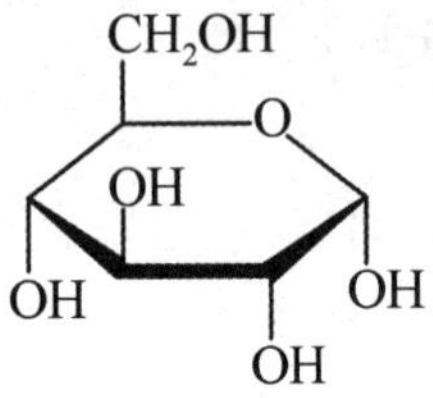 （结构式：CH_2OH、O、OH、OH、OH、OH）

2. 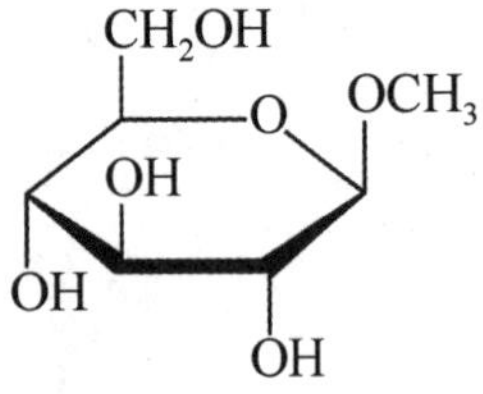 （结构式：CH_2OH、O、OCH_3、OH、OH、OH）

3. （结构式：CHO、CH_2OH）

4. 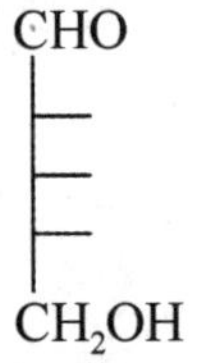 （结构式：CHO、CH_2OH）

5. 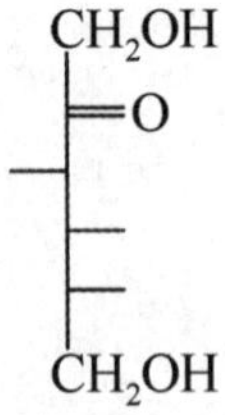 （结构式：CH_2OH、=O、CH_2OH）

三、结构推导

两个D-丁醛糖A和B，用硝酸氧化时，A生成有旋光性的四碳二元酸，B生成无旋光性的四碳二元酸，试推测A、B的结构式。

参考答案

一、单选题

1. E　**2.** E　**3.** B　**4.** D　**5.** D　**6.** A　**7.** E　**8.** A　**9.** C　**10.** D　**11.** C

12. D　**13.** D　**14.** A　**15.** A　**16.** D

二、用系统命名法命名下列化合物

1. α-D-吡喃葡萄糖　　**2.** β-D-甲基吡喃葡萄糖苷

3. D-甘露糖　　**4.** D-核糖

5. D-果糖

三、结构推导

A：

CHO

CH_2OH

B：

CHO

CH_2OH

（居一春）

第十四章　脂　类

小　结

1. 脂类是一类在化学组成、化学结构和生理功能上有较大差异，但都具有脂溶性的有机化合物，是维持生物体正常生命活动不可缺少的重要物质，主要包含油脂、磷脂和甾族化合物等。

2. 油脂是由一分子甘油和三分子高级脂肪酸形成的中性酯，天然油脂一般是混三酰甘油的混合物。组成三酰甘油的脂肪酸大多数是含有偶数碳原子的直链脂肪酸，一般碳数在 14～20 个之间。绝大多数天然存在的不饱和脂肪酸中的双键是顺式构型，高等植物的油脂中不饱和脂肪酸含量高于饱和脂肪酸。

3. 油脂的化学性质包括皂化、加成和酸败。使 1 g 油脂完全皂化时所需氢氧化钾的毫克数称为皂化值。100 g 油脂所能吸收的碘的最大克数称为碘值。中和 1 g 油脂中游离脂肪酸所需氢氧化钾的毫克数称为酸值。以上"三值"是油脂的重要分析指标。

4. 磷脂主要分为甘油磷脂和鞘磷脂。常见的甘油磷脂有脑磷脂和卵磷脂，脑磷脂由乙醇胺（胆胺）与磷脂酸结合而成，卵磷脂由胆碱与磷脂酸结合而成。脑磷脂和卵磷脂可以根据它们在乙醇中溶解度不同进行分离。鞘磷脂又称神经磷脂，分子中不含甘油，含一个长链不饱和醇（即鞘氨醇）。

5. 甾族化合物是一大类广泛存在于动植物体内并具有重要生理活性的天然产物。其结构的共同特点为：含有一个环戊烷多氢菲的基本骨架。它主要包括甾醇、胆甾酸和甾族激素等。甾族化合物中 B/C、C/D 环通常为反式稠合，而 A/B 环则有顺式和反式两种稠合方式。根据 C_5—H 构型的不同，可以把甾族化合物的构型分为 5α-系和 5β-系。A 环和 B 环顺式稠合，C_5 上的氢原子与角甲基在环平面同侧，称为 5β-系甾族化合物；A 环和 B 环反式稠合，C_5 上的氢原子与角甲基在环平面异侧，称为 5α-系甾族化合物。

甾醇又称为固醇，依照来源分为动物甾醇和植物甾醇。天然甾醇在 C_3 位上有一个羟基，并且大多数都是 β 构型，常见的有胆固醇、麦角固醇、β-谷固醇等。

胆甾酸是动物胆组织分泌的一类 5β-系甾族化合物，结构中含羧基，故总称为胆甾酸。常见的有胆酸、脱氧胆酸、牛磺胆酸、甘氨胆酸等。

甾体激素主要包括性激素和肾上腺皮质激素。

习　题

单选题

1. 鉴定饱和脂肪酸和不饱和脂肪酸最简便的试剂是：　　（　　）

A. I_2　　B. Na_2CO_3　　C. HBr

D. H_2/Ni　　E. HCl

2. 下列化合物中属于甾族化合物的是：（　　）

A. 卵磷脂　　B. 脑磷脂　　C. 胆酸

D. 甘油酸　　E. 软脂酸

3. 下列说法中错误的是：（　　）

A. 脂类是一类在化学组成、结构和生理功能上比较相似的脂溶性的有机化合物

B. 油脂在碱性溶液中水解的过程称为皂化

C. 天然油脂大多无恒定的熔点和沸点

D. 含不饱和脂肪酸比例高的油脂熔点比较低

E. 油脂的氢化称为硬化

4. 天然油脂大多是：（　　）

A. 混合物　　B. 化合物　　C. 配合物

D. 螯合物　　E. 纯净物

5. 碘值的大小可以用来判断：（　　）

A. 油脂的沸点　　B. 油脂的不饱和程度

C. 油脂的相对分子质量　　D. 油脂的平均相对分子质量

E. 油脂酸败的程度

6. 人体必需脂肪酸是指：（　　）

A. 人体内不能合成的脂肪酸　　B. 人体内能合成的脂肪酸

C. 相对分子质量很小的脂肪酸　　D. 相对分子质量很大的脂肪酸

E. 自然界不存在的脂肪酸

7. 根据下列油脂的皂化值，确定其平均相对分子质量最小的是：（　　）

A. 猪油：195—203　　B. 奶油：210—230　　C. 牛油：190—200

D. 大豆油：189—195　　E. 花生油：185—195

8. 图示化合物的命名正确的是：（　　）

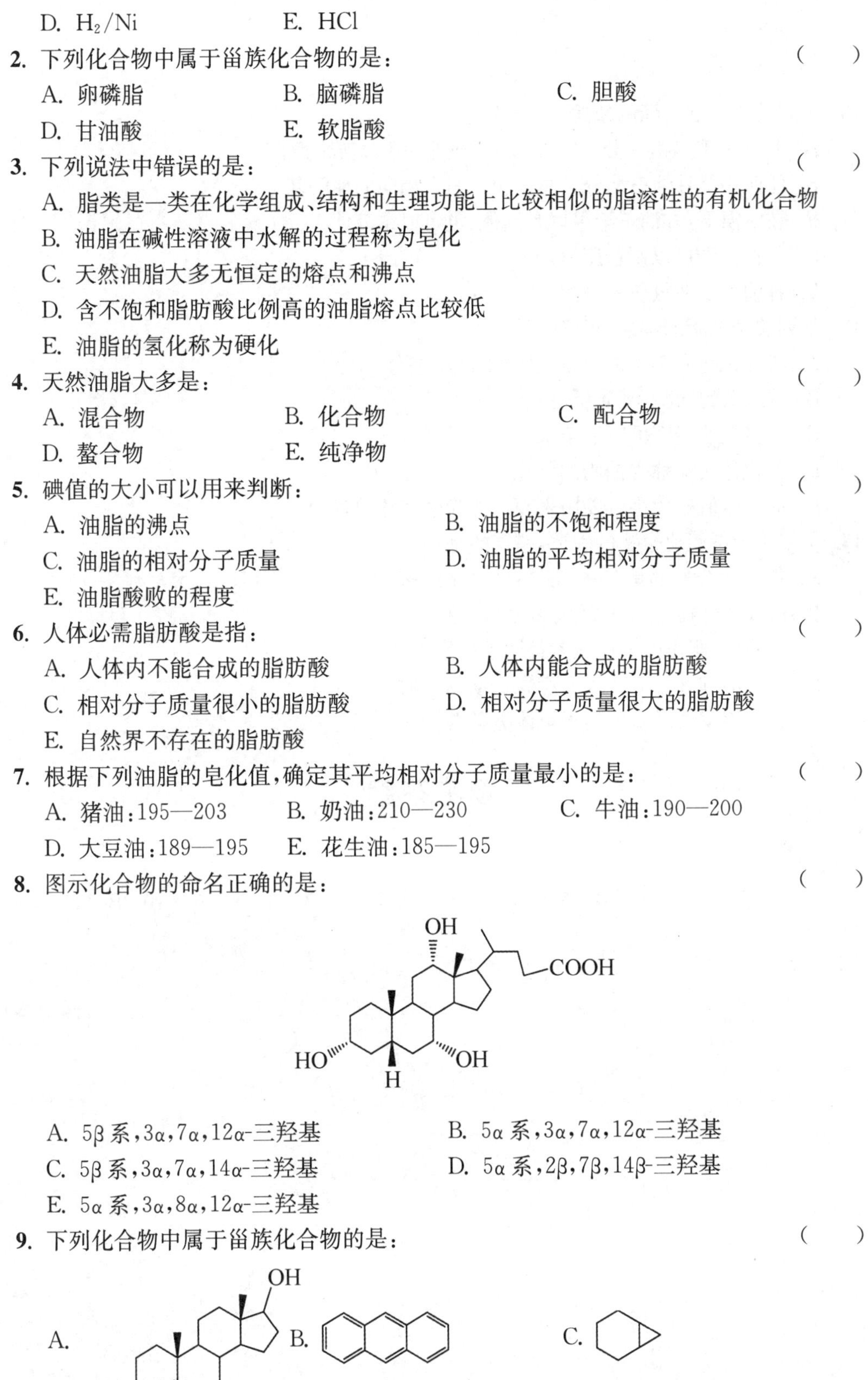

A. 5β 系，3α，7α，12α-三羟基　　B. 5α 系，3α，7α，12α-三羟基

C. 5β 系，3α，7α，14α-三羟基　　D. 5α 系，2β，7β，14β-三羟基

E. 5α 系，3α，8α，12α-三羟基

9. 下列化合物中属于甾族化合物的是：（　　）

A.　OH　HO　　B.　　C.

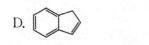

D. E.

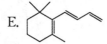

10. 下列关于甘油三酯的叙述,错误的是: ( )

A. 甘油三酯是由一分子甘油与三分子脂肪酸组成的酯

B. 任何一个甘油三酯分子总是包含三个相同的酯酰基

C. 在室温下,甘油三酯可以是固体,也可以是液体

D. 甘油三酯可以制造肥皂

E. 甘油三酯在氯仿中可溶

11. 下列关于油脂的叙述,正确的是: ( )

A. 油脂的皂化值大时,说明所含的脂肪酸分子大

B. 酸值低的油脂,其质量也差

C. 大多数油脂都可以溶于水

D. 氢化作用又称为油脂的硬化

E. 油脂碘值的大小可以用来表示油脂中羟基的多少

12. 下列关于甾族化合物的叙述,错误的是: ( )

A. 甾族化合物都具有一个共同的基本结构,由 4 个环稠和而成,大多数还有侧链

B. 甾族化合物中 A/B 环大多为顺式稠和

C. 胆固醇、胆甾酸和性激素都属于甾族化合物

D. 胆甾酸和 β-谷固醇大多存在于动物体内

E. 肾上腺皮质激素也属于甾体类激素

参考答案

单选题

1. A **2.** C **3.** A **4.** A **5.** B **6.** A **7.** B **8.** A **9.** A **10.** B **11.** D **12.** D

(居一春)

第十五章　氨基酸、多肽和蛋白质

小　结

氨基酸是组成蛋白质的基本单元，存在于生物体内能合成蛋白质的编码氨基酸主要有 20 种，它们在化学结构上都具有共同的特征，即属于 α-氨基酸（脯氨酸除外，为 α-亚氨基酸）。不同的编码氨基酸，只是侧链 R 基部分有所不同；除甘氨酸外，其余氨基酸的 α-碳原子都是手性碳原子，都有旋光性，且均属 L-构型；除半胱氨酸为 R-构型外，其余皆为 S-构型。在 20 种编码氨基酸中有 8 种为人体必需氨基酸，必须由食物供给。

氨基酸的化学性质与分子中所含有的羧基、氨基和侧链 R 基有关，具有氨基和羧基的典型反应。如与 HNO_2 作用定量放出氮气；与水合茚三酮发生显色反应；也可发生分子间相互脱水生成肽类化合物。氨基酸是两性离子，在水溶液中以阳离子、阴离子和偶极离子三种形式存在，它们之间形成一动态平衡；当氨基酸所带正、负电荷相当，呈电中性时溶液的 pH 称为该氨基酸的等电点，用 pI 表示。

氨基酸残基间以肽键相连的一类化合物称为多肽，肽键是构成肽和蛋白质的基本化学键，是构成蛋白质特殊构象的基础。肽键与相邻的两个 α-碳原子位于同一平面，该平面称为肽键平面；肽键具有部分双键的性质，主要呈较为稳定的反式构型。

生物体内存在许多生物活性肽，如谷胱甘肽、神经肽、催产素、加压素等，它们往往具有特殊的生物学功能。

蛋白质是氨基酸的多聚物，种类繁多，结构复杂。任何一种蛋白质分子在天然状态下均具有独特而稳定的构象，通常将蛋白质的结构分为一级、二级、三级和四级结构加以研究。

蛋白质分子中氨基酸残基在肽链中的排列顺序称为一级结构，肽键是蛋白质一级结构中连接氨基酸残基的主要化学键。

蛋白质的构象又称高级结构，指的是蛋白质分子中所有原子在三维空间的排布，主要包括蛋白质的二级结构、超二级结构、结构域、三级结构和四级结构。肽键为蛋白质分子的主键，而维持其空间结构的副键有氢键、二硫键、盐键、酯键和疏水键等。

蛋白质的性质取决于蛋白质的分子组成和结构特征，一方面具有某些与氨基酸相似的性质，另外又具有一些高分子化合物的性质。蛋白质具有高分子的胶体性质；也具有两性电离和等电点的性质；此外，受物理因素和化学因素的影响还可发生蛋白质的变性和沉淀。

习　题

一、单选题

1. 天然蛋白质水解得到的旋光性氨基酸的构型为：（　　）

A. D-构型　　B. L-构型　　C. R-构型

D. S-构型　　E. Z-构型

2. 谷氨酸(pI=3.22)溶于水后，在电场中：（　　）

A. 向正极移动　　B. 向负极移动　　C. 不移动

D. 易沉淀　　E. 易水解

3. 多肽链中的肽键具有________结构（　　）

A. 直线型　　B. 四面体　　C. 平面型

D. α-螺旋　　E. β-折叠

4. 与 HNO_2 作用不放出 N_2 的氨基酸是：（　　）

A. 赖氨酸　　B. 组氨酸　　C. 半胱氨酸

D. 脯氨酸　　E. 谷氨酸

5. 维持蛋白质立体结构的副键不包括：（　　）

A. 氢键　　B. 二硫键　　C. 疏水键

D. 酯键　　E. 肽键

6. 含有二硫键的化合物是：（　　）

A. 半胱氨酸　　B. 甲硫氨酸　　C. 胱氨酸

D. 谷氨酸　　E. 丝氨酸

7. 水合茚三酮可用于检出：（　　）

A. 苯甲酸　　B. 甘油　　C. 乙醚

D. 色氨酸　　E. 葡萄糖

8. 某活性多肽在蒸馏水中带正电荷，它的等电点可能是：（　　）

A. 7.00　　B. 10.34　　C. 2.12

D. 5.78　　E. 6.86

9. 在强碱溶液中与稀 $CuSO_4$ 溶液作用，出现紫红色的化合物是：（　　）

A. 甘氨酸　　B. 尿素　　C. 葡萄糖

D. 丙氨酰甘氨酸　　E. 异亮氨酰-脯氨酰-脯氨酸

10. 有两种蛋白质 A 和 B，其相对分子质量相近，pI 分别为 6.7 和 2.7，当两者在 pH 为 7.35 的缓冲溶液中电泳时，A 和 B 的电泳情况是：（　　）

A. A 和 B 均向阴极移动

B. A 和 B 均向阳极移动

C. A 向阳极移动，B 向阴极移动

D. A 向阴极移动，B 向阳极移动

E. A 和 B 在电场中均不移动

二、完成下列反应式

1. $\underset{\displaystyle ^{+}NH_3}{HOOCCH_2CH_2CHCOO^-} \xrightarrow[1\ mol]{NaOH}$

2. 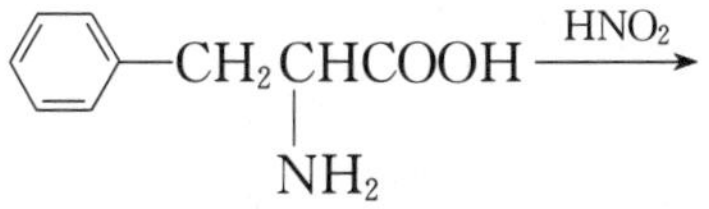 $C_6H_5-\underset{\displaystyle NH_2}{CH_2CHCOOH} \xrightarrow{HNO_2}$

3. $2\ \underset{\displaystyle NH_2}{CH_3CHCOOH} \xrightarrow{\triangle}$

4. $\underset{\displaystyle NH_2}{CH_2}CH_2CH_2CH_2COOH \xrightarrow{\triangle}$

三、结构推导

1. 一个具有光学活性的化合物 A($C_5H_{10}O_3N_2$)，用 HNO_2 处理再经水解得到 α-羟基乙酸和丙氨酸，试写出 A 的结构式。
2. 化合物 A($C_5H_9O_4N$)具有旋光性，与 $NaHCO_3$ 作用放出 CO_2，与 HNO_2 作用产生 N_2，并转变为化合物 B ($C_5H_8O_5$)，B 也具有旋光性。将 B 氧化得到 C($C_5H_6O_5$)，C 无旋光性，但可与 2,4-二硝基苯肼作用生成黄色沉淀。C 经加热可放出 CO_2，并生成化合物 D($C_4H_6O_3$)，D 能发生银镜反应，其氧化产物为 E($C_4H_6O_4$)。1 mol E 常温下与足量的 $NaHCO_3$ 反应可生成 2 mol CO_2，试写出 A、B、C、D、E 的结构式。

参考答案

一、单选题

1. B **2.** A **3.** C **4.** D **5.** E **6.** C **7.** D **8.** B **9.** E **10.** B

二、完成下列反应式

1. $\underset{\displaystyle ^{+}NH_3}{NaOOCCH_2CH_2CHCOO^-}$

2. 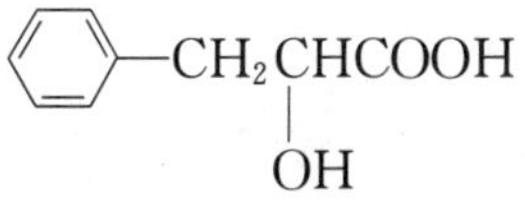 $C_6H_5-\underset{\displaystyle OH}{CH_2CHCOOH}$

3. 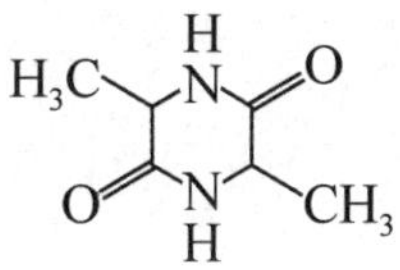 3,6-二甲基-2,5-哌嗪二酮（环状结构：两个 N—H，两个 C=O，两个 CH_3，H_3C）

4. 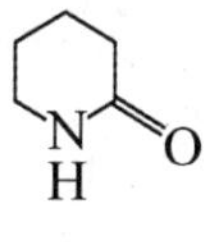 2-哌啶酮（环状结构：N—H，C=O）

三、结构推导

1. A：$H_2NCH_2CONH\overset{*}{C}HCOOH$（R 或 S 构型），其中 $\overset{*}{C}$ 上连 CH_3

2. A：$HOOC\overset{*}{C}HCH_2CH_2COOH$（R 或 S 构型），其中 $\overset{*}{C}$ 上连 NH_2

B：$HOOC\overset{*}{C}H(OH)CH_2CH_2COOH$（R或S构型）

C：$HOOCC(=O)CH_2CH_2COOH$

D：CH_2CHO
$|$
CH_2COOH

E：CH_2COOH
$|$
CH_2COOH

（姜慧君）

第十六章　核　酸

小　结

核酸可分为核糖核酸(RNA)和脱氧核糖核酸(DNA)两类,二者在组成、结构、功能上不同。核酸的基本组成单位是核苷酸,每个核苷酸是由磷酸、戊糖和碱基组成的。戊糖分为核糖和脱氧核糖两种,碱基分为嘌呤碱和嘧啶碱。戊糖与碱基之间通过β糖苷键形成核苷,核苷与磷酸之间通过磷酸酯键形成核苷酸,核苷酸之间通过磷酸二酯键连接。

核酸的一级结构是指多核苷酸链上核苷酸(碱基)的种类、数量及排列顺序,一级结构决定了核酸的特征和生理作用。

DNA 的二级结构是两条反向平行脱氧多核苷酸链形成的右手双螺旋结构。碱基遵循"互补规律"结合成互补碱基对。通过碱基间的氢键和碱基平面间分子间作用力稳定双螺旋结构,DNA 碱基互补规律(A ═T、C≡G)是 DNA 复制、转录、RNA 逆转录的分子基础。

RNA 为单链结构,在局部区域内单链自身回折进行碱基互补配对(A ═U、C≡G)形成局部假双链结构,不能配对的碱基形成环状突起,构成 RNA 的二级结构和三级结构。

单核苷酸除组成核酸外,还可以以游离状态或以衍生物的形式存在于生物体内。在体内的物质代谢过程中起着重要的作用。如果在腺苷酸(AMP)的 5′位的磷酸上再与第二个磷酸分子结合,就成为腺苷二磷酸(ADP)。ADP 还可以继续在 5′位上磷酸化而成为腺苷三磷酸(ATP)。ADP 和 ATP 等构成能量贮存和运转系统。核苷酸还可以有一种特殊的形式,即环核苷酸,其中以 3′,5′-环腺苷酸(cAMP)和 3′,5′-环鸟苷酸(cGMP)较为重要。它们是许多肽类激素发挥作用的媒介。

DNA 为白色纤维状固体,RNA 为白色粉末。它们都微溶于水,但易溶于稀碱,其钠盐在水中溶解度较大。两者均不溶于一般的有机溶剂。核酸是两性化合物,但酸性强于碱性,所以能与金属离子生成盐,也能与一些碱性化合物生成复合物。核酸具有紫外吸收性,最大紫外吸收值位于波长 260 nm 处。

习　题

一、单选题

1. RNA 完全水解后不含有：（　　）

A. 尿嘧啶　　B. 胞嘧啶　　C. 胸腺嘧啶

D. 腺嘌呤　　E. 鸟嘌呤

2. 下列物质中仅存在于 DNA 中而不存在于 RNA 中的是：（　　）

A. 核糖　　B. 胞嘧啶　　C. 腺嘌呤

D. 脱氧核糖　　E. 磷酸

3. 核酸是由________组成的：　　(　　)

A. 戊糖　　B. 嘧啶碱　　C. 嘌呤碱

D. 核苷　　E. 核苷酸

4. 核酸链是通过________连接而成的：　　(　　)

A. 肽键　　B. 苷键　　C. 磷酸酯键

D. 氢键　　E. 二硫键

5. 核酸中碱基与戊糖相连的键是：　　(　　)

A. 氧苷键　　B. 氮苷键　　C. 碳苷键

D. 氢键　　E. 磷酸酯键

二、写出 DNA 和 RNA 完全水解后的最终产物的结构式及名称，并比较两者在结构和组成上的差异。

三、临床上常用 5-氟尿嘧啶和 6-巯基嘌呤以治疗白血病等，试写出它们的结构式。

参考答案

一、单选题

1. C　**2.** D　**3.** E　**4.** C　**5.** B

二、DNA 和 RNA 在结构和组成上的差异如下表所示：

水解产物类别	RNA	DNA
酸	磷酸	磷酸
戊糖	核糖	脱氧核糖
嘌呤碱	腺嘌呤(A)，鸟嘌呤(G)	腺嘌呤(A)，鸟嘌呤(G)
嘧啶碱	胞嘧啶(C)，尿嘧啶(U)	胞嘧啶(C)，胸腺嘧啶(T)

三、5-氟尿嘧啶与 6-巯基嘌呤的结构式如下：

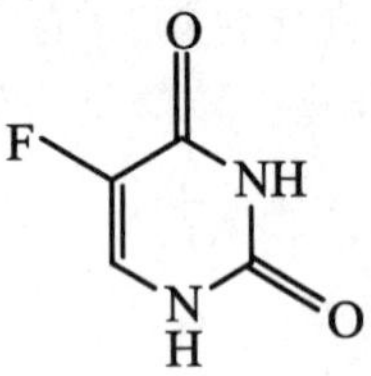

5-氟尿嘧啶 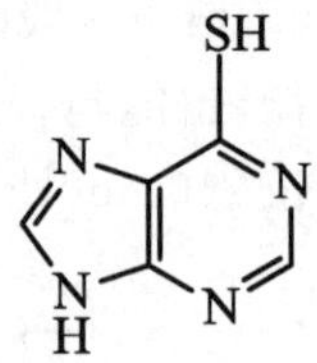　　6-巯基嘌呤

（姜慧君）

综合测试题一

一、根据结构式命名或按名称写出结构式（每题2分，共15题，计30分）

1. 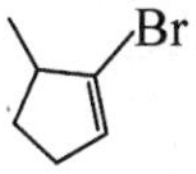 （结构式：1-溴-5-甲基环戊烯骨架，环上双键碳连 Br，相邻碳连甲基）

2. $H_2C{=}CHCH_2OCH_2CH_2CH_3$

3. $CH_2{-}CH(CH_3)_2$ / $CH{-}CH_3$ / $CH_2{-}CH(CH_2CH_3)_2$（竖线相连）

4. 嘌呤

5. $CH_3CH{=}CHCHCH_2CH_3$（CH 上连 CH_2I）

6.  （苯环连 $CH_2COCH_2CH_2CH_3$）

7. 脲

8. 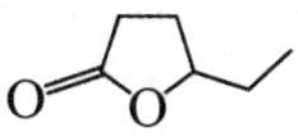 （五元内酯环：O= 与环 O 相邻，环 O 另一侧碳上连乙基）

9. $HOOCCOCH_2CH(CH_3)_2$

10. trans-1-甲基-3-叔丁基环己烷的优势构象

11. $CH_3CH{=}CHCHCH_2C{\equiv}CH$（CH 上连 CH_3）

12. 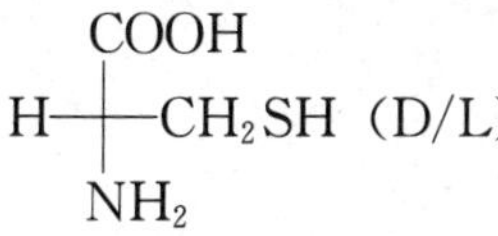 Fischer 投影式：上 COOH，左 H，右 CH_2SH，下 NH_2 （D/L）

13. 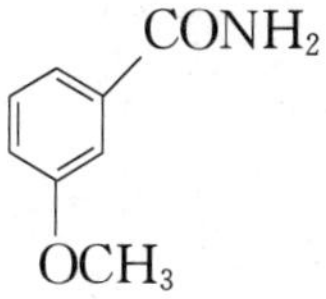 （苯环连 $CONH_2$，间位连 OCH_3）

14. 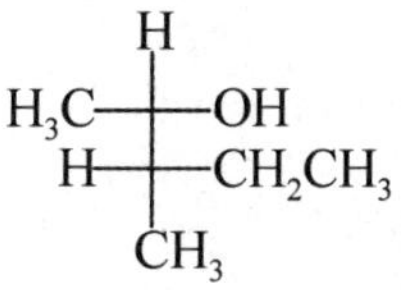 Fischer 投影式：上 H；第一碳 左 H_3C，右 OH；第二碳 左 H，右 CH_2CH_3；下 CH_3 （R/S）

15. 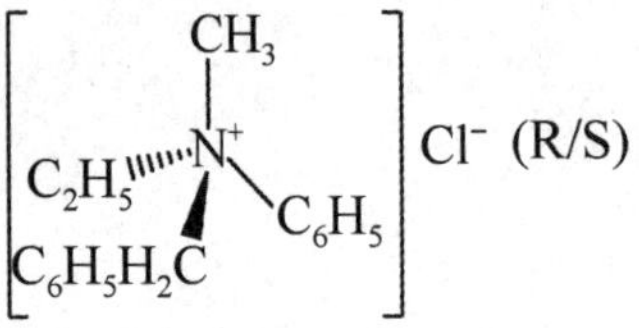 $\left[C_2H_5 \cdots N^+(CH_3)(C_6H_5)(CH_2C_6H_5) \right] Cl^-$ (R/S)

二、完成下列反应式(不反应者，在"→"后注明"不反应"，每题 2 分，计 30 分)

1. 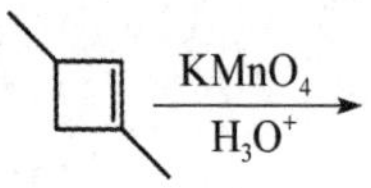 1,3-二甲基环丁烯 $\xrightarrow[H_3O^+]{KMnO_4}$

2. 2-溴-3-甲基-1-苯基环己烷 $\xrightarrow[\triangle]{NaOH/C_2H_5OH}$

3. 5-异丙基-1,2,3,4-四氢萘 ($CH(CH_3)_2$) $\xrightarrow[H_3O^+]{KMnO_4}$

4. 1,1-二乙基-2-甲基环丙烷 $\xrightarrow{HBr}$

5. 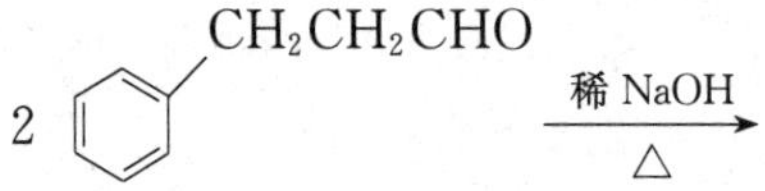 2 $C_6H_5CH_2CH_2CHO$ $\xrightarrow[\triangle]{稀\ NaOH}$

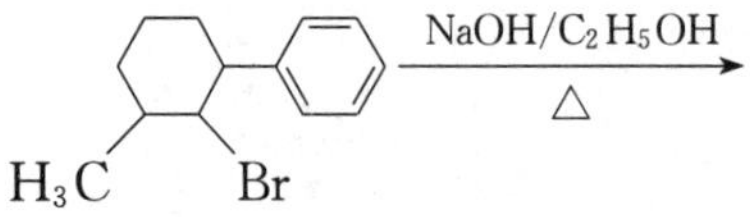

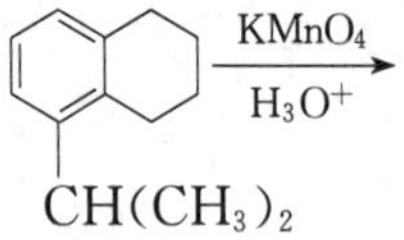

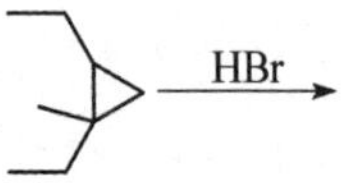

6. 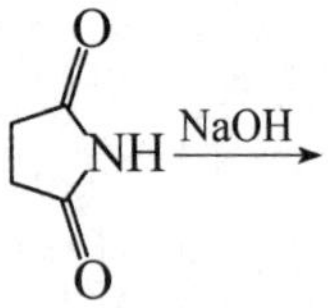 丁二酰亚胺 $\xrightarrow{NaOH}$

7. 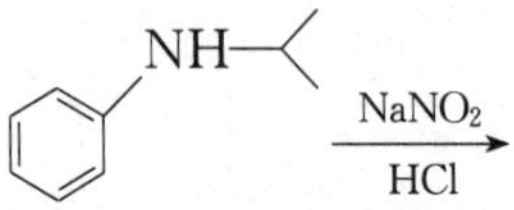 $C_6H_5NH-CH(CH_3)_2$ $\xrightarrow[HCl]{NaNO_2}$

8. 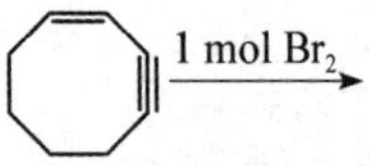 环辛-1-烯-5-炔 $\xrightarrow{1\ mol\ Br_2}$

9. 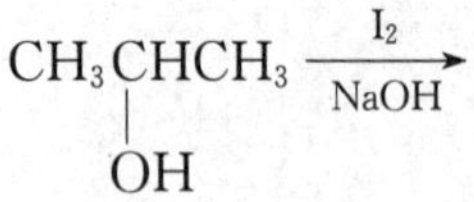 $CH_3CH(OH)CH_3$ $\xrightarrow[NaOH]{I_2}$

10. $CH_3COCH(CH_3)_2$ $\xrightarrow[浓\ HCl]{Zn-Hg}$

11. 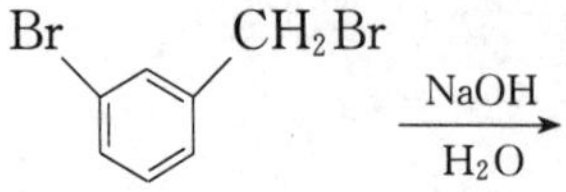 间溴苄基溴 (Br, CH_2Br) $\xrightarrow[H_2O]{NaOH}$

12. 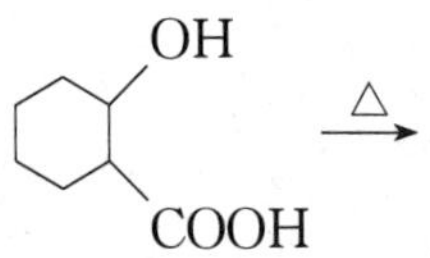 2-羟基环己烷甲酸 (OH, COOH) $\xrightarrow{\triangle}$

13. 1,3-二硝基苯（间二硝基苯，NO_2 位于 1,3 位） $\xrightarrow[Br_2]{Fe}$

14. 环丁烷-1,1-二甲酸（HOOC、COOH 连于环丁烷同一碳上） $\xrightarrow{\triangle}$

15. $C_6H_5CH_2CH{=}CH_2 \xrightarrow{HCl}$

三、结构推导（不要求写出推导过程和理由，每个结构 2 分，计 10 分）

1. 分子式为 C_4H_6 的链状化合物 A 和 B，A 能使高锰酸钾溶液褪色，也能与硝酸银的氨溶液发生反应，B 能使高锰酸钾溶液褪色，但不能与硝酸银的氨溶液发生反应，写出 A 和 B 可能的结构式。

2. 化合物 A，B 和 C，分子式均为 C_3H_9N。A 和 B 与 HNO_2 反应均能放出氮气，C 与 HNO_2 反应则生成黄色油状物。试写出 A、B 和 C 的结构式。

四、单选题（选择一个最佳答案，每题 2 分，计 30 分）

1. 下列化合物具有手性的是： （　　）

A. 
$CH_3CH(CH_3)CH_2CH_3$

B. 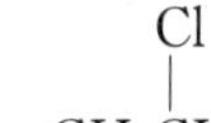
$CH_3CH(Cl)CH_2CH_3$

C. 

D.

E. 

2. 下列叙述正确的是： （　　）

A. 皂化值越大，油脂的平均分子量越大

B. 天然油脂有恒定的熔点和沸点

C. 酸值越大，油脂酸败越严重

D. 碘值越大，油脂不饱和度越低

E. 酸值与油脂酸败无关

3. 下列关于脱氧胆酸的描述中，正确的是： （　　）

脱氧胆酸

A. 5β 系，3β，12β-二羟基　　B. 5β 系，3α，12α-二羟基

C. 5α 系，3β，12β-二羟基　　D. 5α 系，3α，12α-二羟基

E. 以上均不正确

4. 糖在人体的储存形式是： （　　）

A. 葡萄糖　　B. 蔗糖　　C. 糖原

D. 麦芽糖　　E. 果糖

5. 不与乙酰乙酸乙酯作用的是： （　　）

A. $FeCl_3$ 溶液　　B. $I_2/NaOH$　　C. $H_2N\text{-}OH$

D. $[Ag(NH_3)_2]^+$　　E. Na

6. 下列不属于 S_N2 历程的说法是： （　　）

A. 产物的构型完全转变

B. 增加氢氧化钠的浓度，卤代烃水解速度加快

C. 反应速度叔卤代烃明显大于伯卤代烃

D. 反应不分阶段一步完成

E. 以上均不正确

7. 所有碳原子处于同一平面的分子是： （　　）

A. 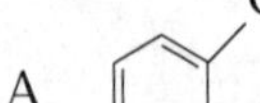

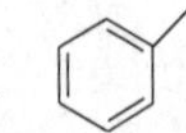　　B. $H_2C{=}CHCH_2CH{=}CH_2$

C. $CH_3CH{=}CHCH_2CH_3$　　D. $H_2C{=}CHCH_2CH_3$

E. $CH_3CH_2CH_2CH_2CH_3$

8. 下列糖与 HNO_3 反应后，产生内消旋体的是： （　　）

A. 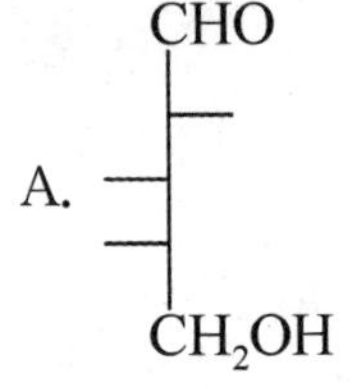

B. 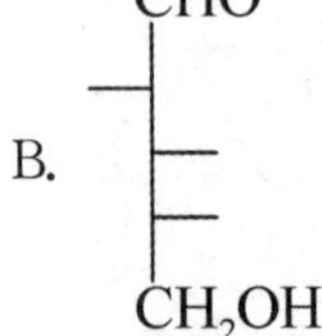

C. 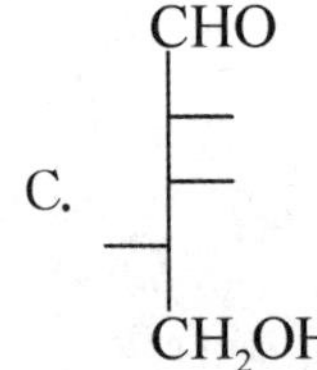

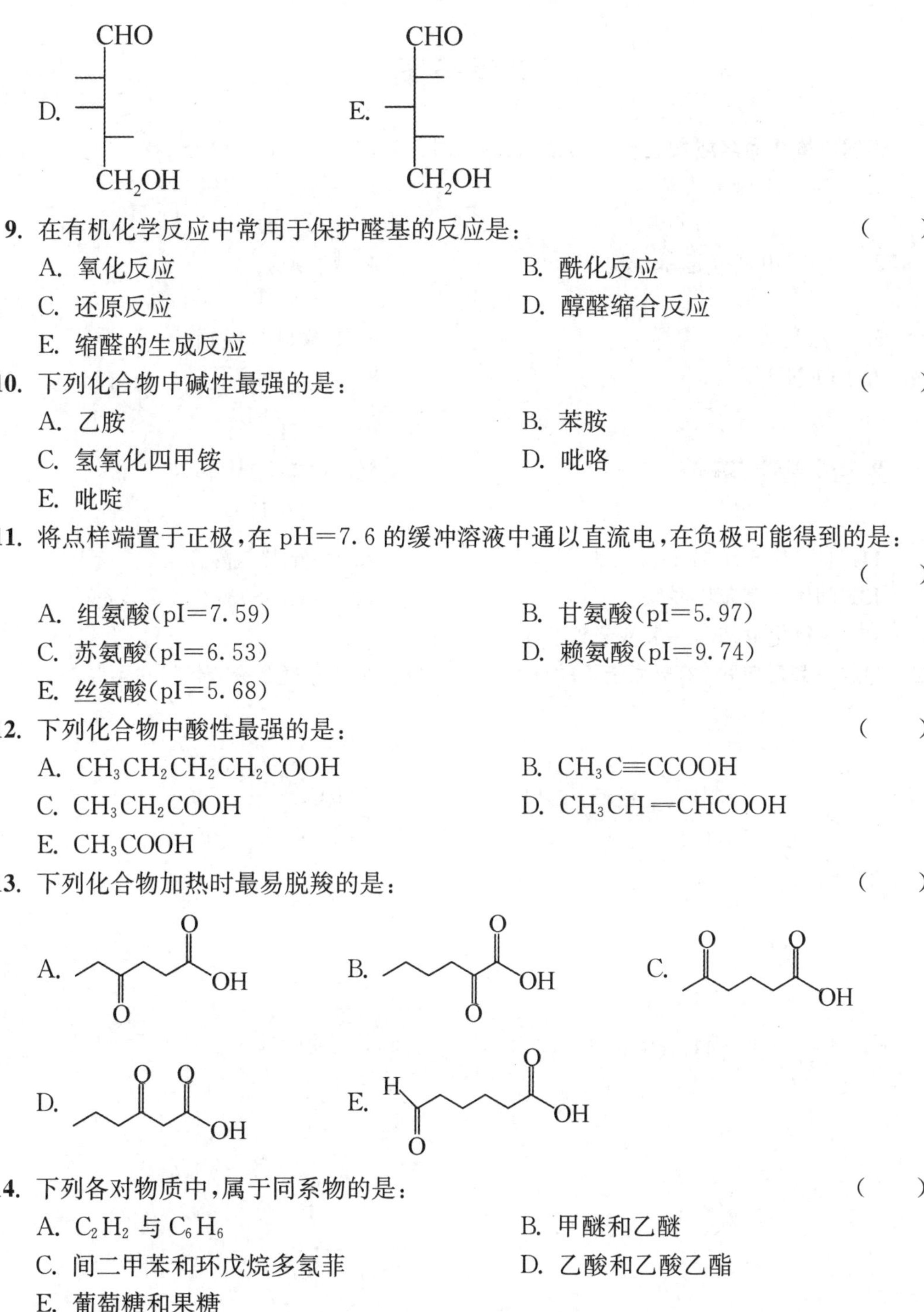

D.
E.

9. 在有机化学反应中常用于保护醛基的反应是： （　　）

A. 氧化反应　　B. 酰化反应

C. 还原反应　　D. 醇醛缩合反应

E. 缩醛的生成反应

10. 下列化合物中碱性最强的是： （　　）

A. 乙胺　　B. 苯胺

C. 氢氧化四甲铵　　D. 吡咯

E. 吡啶

11. 将点样端置于正极，在 pH＝7.6 的缓冲溶液中通以直流电，在负极可能得到的是： （　　）

A. 组氨酸(pI＝7.59)　　B. 甘氨酸(pI＝5.97)

C. 苏氨酸(pI＝6.53)　　D. 赖氨酸(pI＝9.74)

E. 丝氨酸(pI＝5.68)

12. 下列化合物中酸性最强的是： （　　）

A. $CH_3CH_2CH_2CH_2COOH$　　B. $CH_3C{\equiv}CCOOH$

C. CH_3CH_2COOH　　D. $CH_3CH{=}CHCOOH$

E. CH_3COOH

13. 下列化合物加热时最易脱羧的是： （　　）

A.　　B.　　C.

D.　　E.

14. 下列各对物质中，属于同系物的是： （　　）

A. C_2H_2 与 C_6H_6　　B. 甲醚和乙醚

C. 间二甲苯和环戊烷多氢菲　　D. 乙酸和乙酸乙酯

E. 葡萄糖和果糖

15. 分子结构中存在 π-π 共轭的化合物是： （　　）

A. 丙二烯　　B. 1,4-戊二烯　　C. 环戊烯

D. 1,4-环己二烯　　E. 1,3-环己二烯

参考答案

一、根据结构式命名或按名称写出结构式(每题2分,共15题,计30分)

1. 5-甲基-1-溴环戊烯

2. 丙基烯丙基醚

3. 2,4-二甲基-6-乙基辛烷

4. 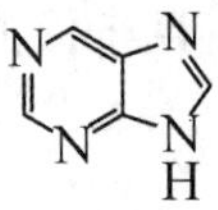 (结构式:嘌呤环,含 N、N、N、NH)

5. 4-乙基-5-碘-2-戊烯

6. 1-苯基-2-戊酮

7. $CO(NH_2)_2$

8. 4-己内酯

9. 4-甲基-2-戊酮酸

10. 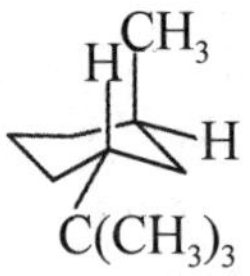 (结构式:H、CH_3、H、$C(CH_3)_3$)

11. 4-甲基-5-庚烯-1-炔

12. L-半胱氨酸

13. 间甲氧基苯甲酰胺

14. (2R,3S)3-甲基-2-戊醇

15. S-氯化甲基乙基苄基苯基铵

二、完成下列反应式(不反应者,在"→"后注明"不反应",每题2分,计30分)

1. 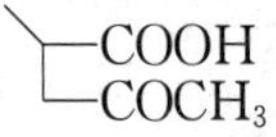 —COOH, —$COCH_3$

2. H_3C

3. COOH, COOH, COOH

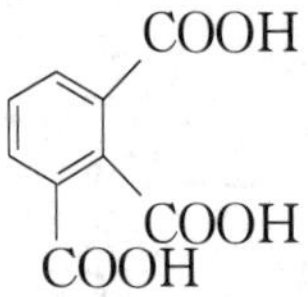

4. 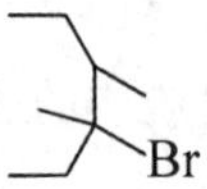 Br

5. 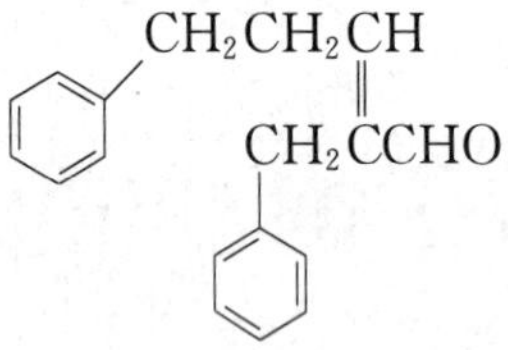 CH_2CH_2CH, CH_2CCHO

6. 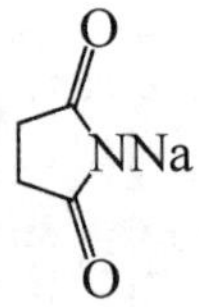 O, NNa, O

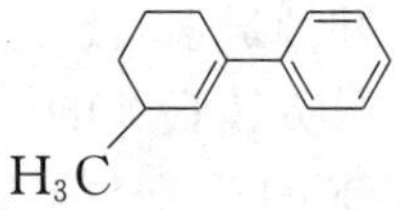

7. 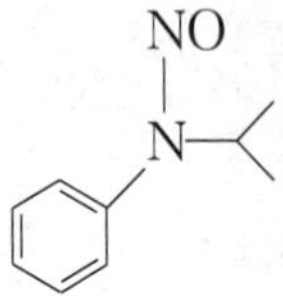 NO, N

8. 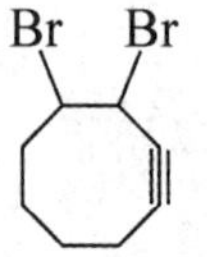 Br, Br

9. $CH_3COONa+CHI_3$

10. $CH_3CH_2CH(CH_3)_2$

11. 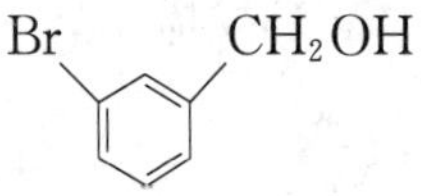 Br, CH_2OH

12. 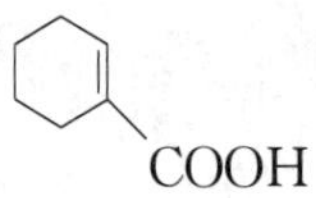 COOH

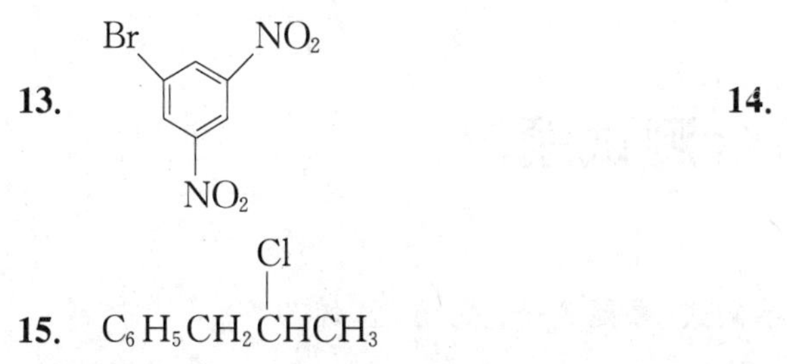

15. $C_6H_5CH_2CH(Cl)CH_3$

三、结构推导(不要求写出推导过程和理由,每个结构2分,计10分)

1. A:$CH_3CH_2C\equiv CH$

B:$H_2C=CHCH=CH_2$

$H_3CC\equiv CCH_3$

$H_2C=C=CHCH_3$

2. A和B:$CH_3CH_2CH_2NH_2$ 或 $(CH_3)_2CHNH_2$

C:$CH_3CH_2NHCH_3$

四、单选题(选择一个最佳答案,每题2分,计30分)

1. B **2.** C **3.** B **4.** C **5.** D **6.** C **7.** A **8.** E **9.** E **10.** C **11.** D **12.** B **13.** D **14.** B **15.** E

(张振琴)

综合测试题二

一、根据结构式命名或按名称写出结构式(每题 2 分,共 15 题,计 30 分)

1. $(CH_3)_3C(CH_2)_3CH(CH_3)CH(CH_3)_2$

2. $CH_2=CHCHC_2H_5$
$\quad\quad\quad\quad\quad|$
$\quad\quad\quad\quad CH_2Cl$

3. $HC\equiv CCHCH_2CH_3$
$\quad\quad\quad\quad|$
$\quad\quad\quad CH_2OH$

4. 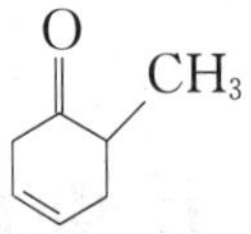

5. $HOOCCOCH(CH_3)COCH_2COOH$

6. $COOC_2H_5$
$|$
$COOH$

7. 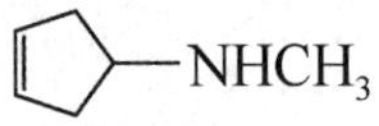

8. 

9. 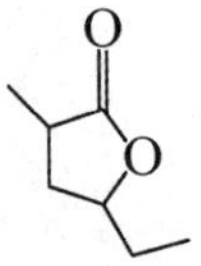

10. $CH_3CH_2CH_2COOCOCH_3$

11. 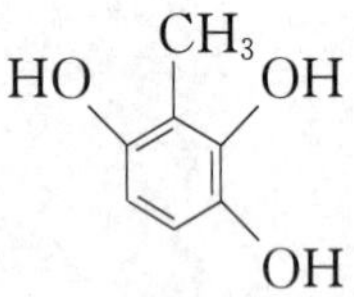

12. $CH_2=CHCH_2OC_6H_5$

13. 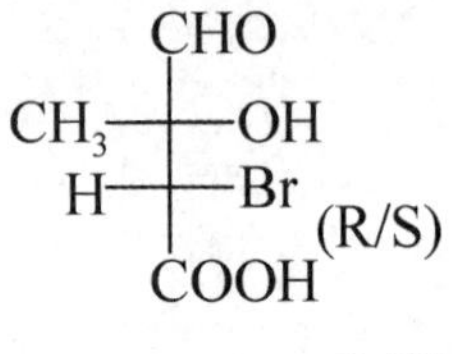

14. 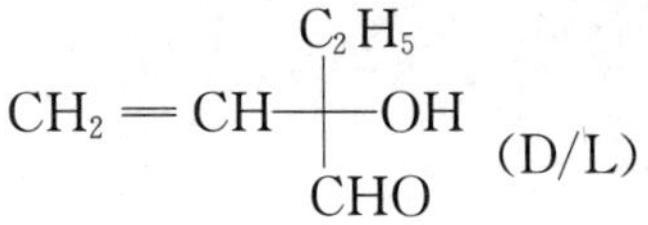

15. 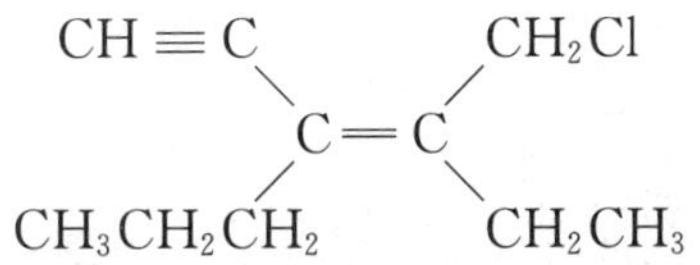 $CH\equiv C$ CH_2Cl $C=C$ $CH_3CH_2CH_2$ CH_2CH_3 （Z/E）

二、完成下列反应式（不反应者，在“→”后注明“不反应”，每题 2 分，计 30 分）

1. 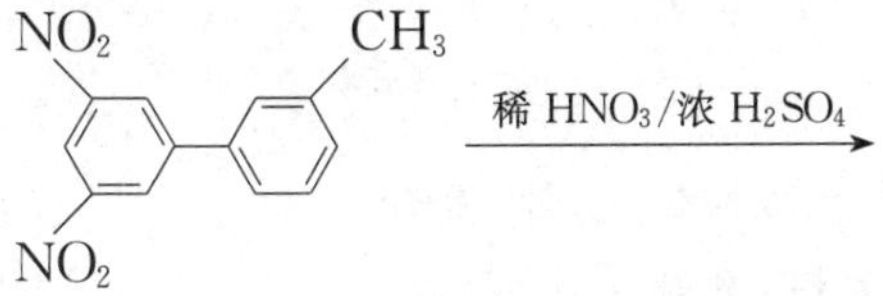 NO_2 CH_3 NO_2 $\xrightarrow{\text{稀 }HNO_3/\text{浓 }H_2SO_4}$

2. $-CH=CH_2$ $\xrightarrow{HBr}$

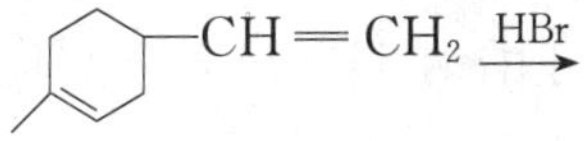

3. 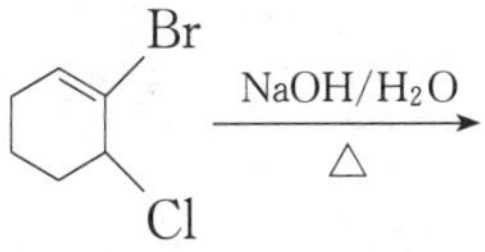 Br Cl $\xrightarrow[\triangle]{NaOH/H_2O}$

4. CH_3 $-OH$ $\xrightarrow[\triangle]{\text{浓}H_2SO_4}$

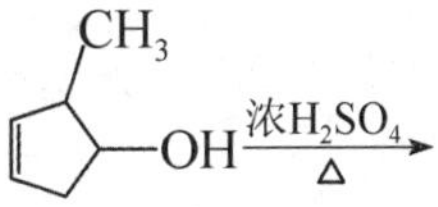

5. 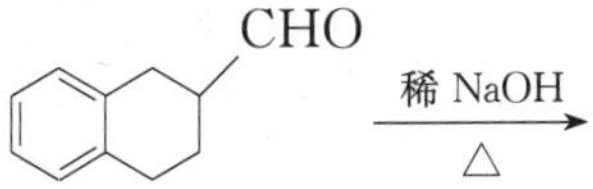 CHO $\xrightarrow[\triangle]{\text{稀 }NaOH}$

6. 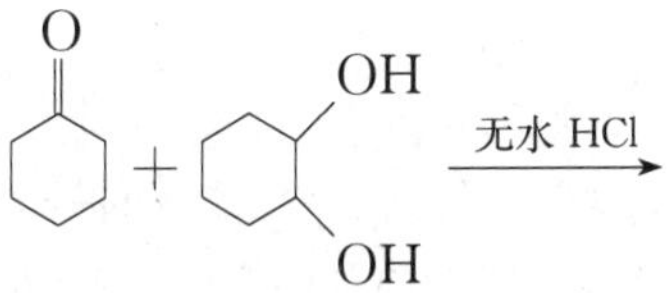 O ＋ OH OH $\xrightarrow{\text{无水 }HCl}$

7. 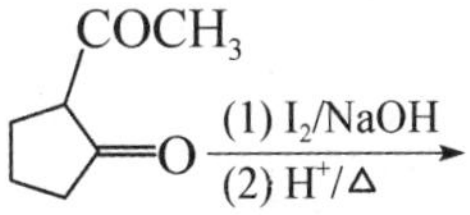 $COCH_3$ $=O$ $\xrightarrow[(2)\ H^+/\triangle]{(1)\ I_2/NaOH}$

8. 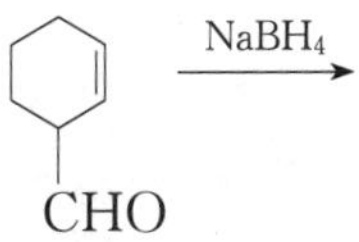 $\xrightarrow{NaBH_4}$ CHO

9. 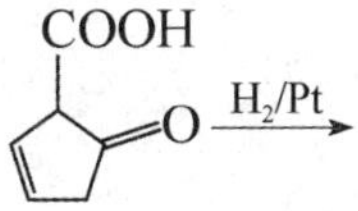 COOH $=O$ $\xrightarrow{H_2/Pt}$

10. 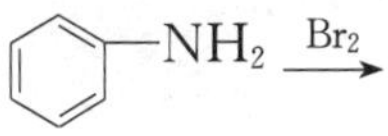 $-NH_2$ $\xrightarrow{Br_2}$

11. 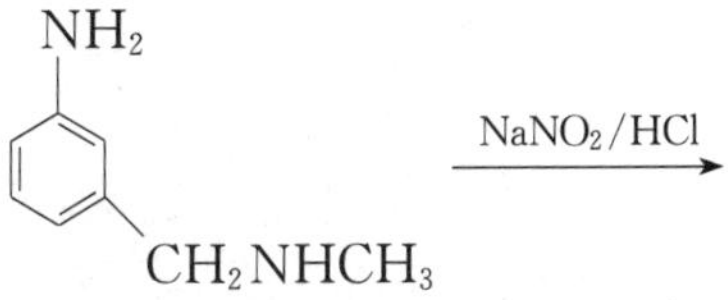 NH_2 CH_2NHCH_3 $\xrightarrow{NaNO_2/HCl}$

12. $C_6H_5CH_2CH_2OCH_3 \xrightarrow[\triangle]{\text{浓 }HI}$

13. $HOCH_2CH_2CH_2COOH \xrightarrow{\triangle}$

14. 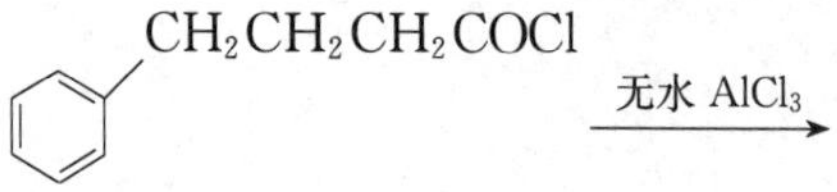 苯环–$CH_2CH_2CH_2COCl$ $\xrightarrow{\text{无水 } AlCl_3}$

15. 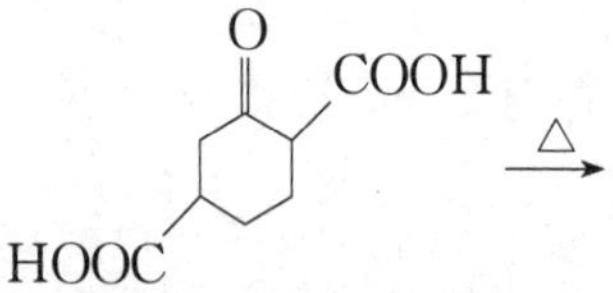 2-氧代环己烷-1,4-二甲酸（O、COOH、HOOC 取代的环己烷） $\xrightarrow{\triangle}$

三、结构推导(不要求写出推导过程和理由,每个结构 2 分,计 10 分)

1. 某开链化合物 A,分子式为 $C_5H_{12}O$,有旋光性,氧化后生成分子式为 $C_5H_{10}O$ 的化合物 B,B 没有旋光性,能与次碘酸钠反应,生成碘仿和异丁酸钠,试写出 A、B 可能的结构式。

2. 一个单糖衍生物 A,分子式为 $C_8H_{16}O_6$,无还原性,水解后生成 B 和 C 两种产物。B 和溴水反应得到 D-甘露糖酸,C 有碘仿反应,分子式为 C_2H_6O,试写出 A 可能的结构式。

四、单选题(选择一个最佳答案,每题 2 分,计 30 分)

1. 下列化合物中所有碳原子都在同一个平面上的是: ( )

A. 苯乙醇　B. 1-丁烯　C. 乙苯

D. 苯乙酮　E. 1-丁炔

2. 下列化合物和溴水反应,活性最强的是: ( )

A. $(CH_3)_2C=CH_2$　B. $CH_2=CHCCl_3$　C. $(CH_3)_2C=C(CH_3)_2$

D. $CH_2=CHCl$　E. $CH_2=CHCHO$

3. 下列化合物中能和亚硫酸氢钠发生化学反应的是：（　）

A. 3-戊酮　B. 苯乙酮　C. 苯甲醛

D. 苯甲酸　E. 乙二醇

4. 下列化合物中不与酸性 $KMnO_4$ 反应的是：（　）

A. 环丙烷　B. 丙烯　C. 乙炔

D. 苯甲醇　E. 甲苯

5. 下列化合物和 HCN 发生加成反应时，活性按从大到小顺序排列的是：（　）

(a) CH_3CHO　(b) C_6H_5CHO（苯甲醛）　(c) CH_3COCH_3　(d) $C_6H_5COCH_3$（苯乙酮）

A. (a)＞(b)＞(c)＞(d)　B. (a)＞(b)＞(d)＞(c)　C. (b)＞(a)＞(c)＞(d)

D. (b)＞(c)＞(a)＞(d)　E. (c)＞(a)＞(b)＞(d)

6. 下列化合物中能发生羟醛缩合反应的是：（　）

A. HCHO　B. C_6H_5CHO　C. CH_3CH_2OH

D. $(CH_3)_3CCHO$　E. CH_3COCH_3

7. 下列化合物中酸性最强的是：（　）

A. 苯甲酸　B. 邻羟基苯甲酸　C. 对羟基苯甲酸

D. 间羟基苯甲酸　E. 苯酚

8. 下列化合物中碱性最强的是：（　）

A. CH_3NH_2　B. $(CH_3)_2NH$　C. $(CH_3)_3N$

D. $C_6H_5NH_2$（苯胺）　E. $(CH_3)_4N^+OH^-$

9. 下列说法中错误的是：（　）

A. 中性氨基酸的水溶液常显酸性

B. 分子中没有对称因素存在，就有手性

C. 单糖都是还原糖

D. 羧酸的酸性都比碳酸强

E. 能发生银镜反应的有机化合物是醛或单糖

10. 下列说法中正确的是：（　）

A. 含有手性碳的分子都有旋光性

B. 苯酚和苯胺可以用溴水来区分

C. 烯烃双键上的加成和醛酮羰基上的加成是一样的，都是亲电加成

D. 天然油脂一般是混甘油酯的混合物

E. 丙二烯中三个碳原子都是 sp^2 杂化的碳

11. 下列化合物中能发生缩二脲反应的是：（　）

A. 尿素　B. 蛋白质　C. α-氨基酸

D. 淀粉　E. 纤维素

12. 丙氨酸的等电点是 6.00，在下列哪个介质中呈阴离子状态：（　）

A. 纯水　B. pH＝1 的 0.1 mol/L HCl 溶液

C. pH=5 的缓冲溶液　　D. pH=6 的缓冲溶液

E. pH=6 的酸性溶液

13. 油脂在碱性条件下的水解称为：（　　）

A. 酯化　　B. 还原　　C. 氧化

D. 皂化　　E. 水解

14. 下列化合物中和D-葡萄糖互为差向异构体的是：（　　）

A. D-木糖　　B. D-果糖　　C. D-核糖

D. D-脱氧核糖　　E. D-半乳糖

15. 下列说法错误的是：（　　）

A. 直链淀粉和糖原都属于多糖，可以用 I_2 进行鉴别

B. 具有二级结构的多肽链按照一定的方式折叠盘曲，形成的更加复杂的空间结构就是蛋白质的三级结构

C. α-氨基酸都能溶于强酸及强碱溶液中

D. 纤维素没有支链，葡萄糖之间以β-1,4-苷键连接成长链

E. 糖原中葡萄糖之间以α-1,4-苷键相连

参考答案

一、根据结构式命名或按名称写出结构式（每题2分，共15题，计30分）

1. 2,2,6,7-四甲基辛烷　　**2.** 3-乙基-4-氯-1-丁烯

3. 2-乙基-3-丁炔-1-醇　　**4.** 6-甲基-3-环己烯酮

5. 3-甲基-2,4-二酮己二酸　　**6.** 乙二酸氢乙酯

7. 甲基-3-环戊烯基胺　　**8.** N,N-二甲基苯甲酰胺

9. 2-甲基-4-己内酯　　**10.** 乙丁酐

11. 2,3,6-三羟基甲苯　　**12.** 苯基烯丙基醚

13. (2S,3S)-3-甲基-3-羟基-2-溴丁醛酸　　**14.** D-2-乙基-2-羟基-3-丁烯醛

15. Z-4-乙基-3-丙基-5-氯-3-戊烯-1-炔

二、完成下列反应式（不反应者，在"→"后注明"不反应"，每题2分，计30分）

1. 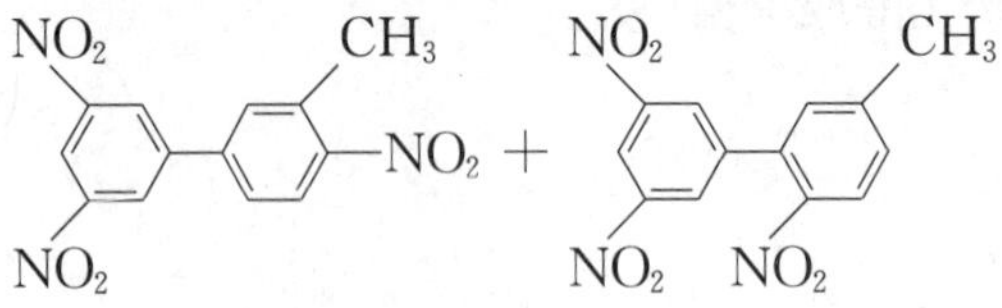 NO_2 CH_3 NO_2 NO_2 + NO_2 CH_3 NO_2 NO_2

2. $CHBrCH_3$ Br

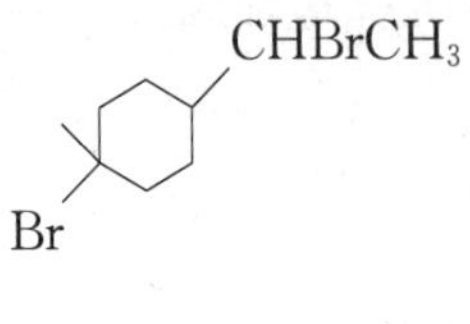

3. Br OH

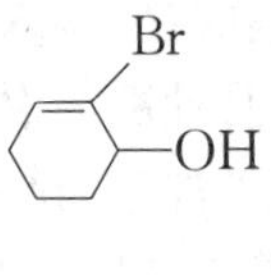

4.

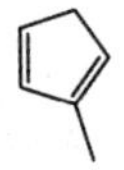

5. 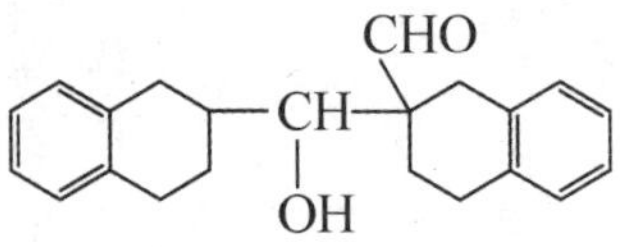 CHO CH OH

6. O O

7. $CHI_3 + CO_2 +$ =O

8. $-CH_2OH$

9. OH, $-COOH$

10. NH_2, Br, Br, Br

11. $N_2^+Cl^-$, NO, CH_2NCH_3

12. $C_6H_5CH_2CH_2OH + CH_3I$

13. O, O

14. O

15. O, COOH

三、结构推导(不要求写出推导过程和理由,每个结构 2 分,计 10 分)

1. A: $\begin{array}{c} CH_3 \\ HO-\!\!\!-\!\!\!+\!\!\!-\!\!\!-H \\ CH(CH_3)_2 \end{array}$ 或 $\begin{array}{c} CH_3 \\ H-\!\!\!-\!\!\!+\!\!\!-\!\!\!-OH \\ CH(CH_3)_2 \end{array}$

B: $CH_3COCH(CH_3)_2$

2. 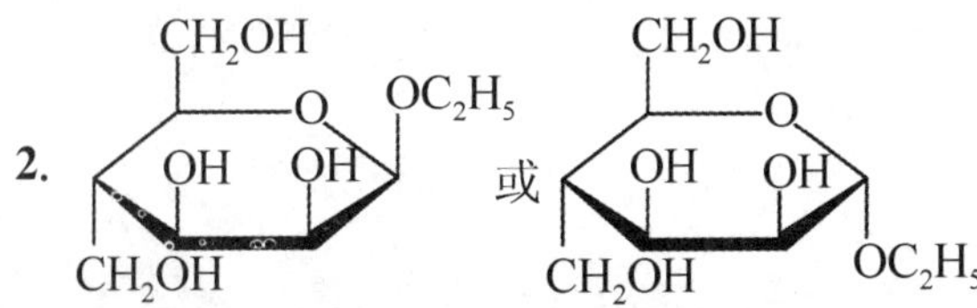

四、单选题(选择一个最佳答案,每题 2 分,计 30 分)

1. D **2.** C **3.** C **4.** A **5.** A **6.** E **7.** B **8.** E **9.** E **10.** D **11.** B **12.** A **13.** D **14.** E **15.** E

(居一春)

综合测试题三

一、根据结构式命名或按名称写出结构式(每题2分,共15题,计30分)

1. 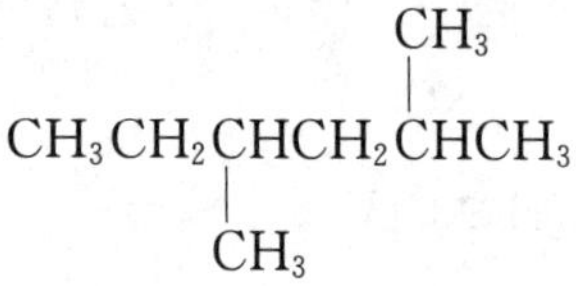 $CH_3CH_2\underset{\displaystyle CH_3}{\underset{|}{C}}HCH_2\overset{\displaystyle CH_3}{\overset{|}{C}}HCH_3$

2. $CH_3CH_2\underset{\displaystyle C\equiv CH}{\underset{|}{C}}HCH=CH_2$

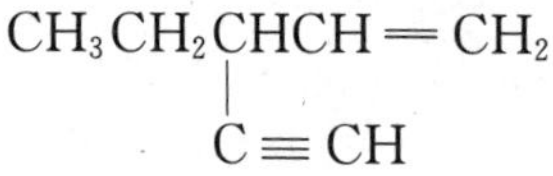

3. 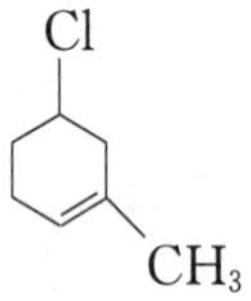 Cl, CH_3

4. 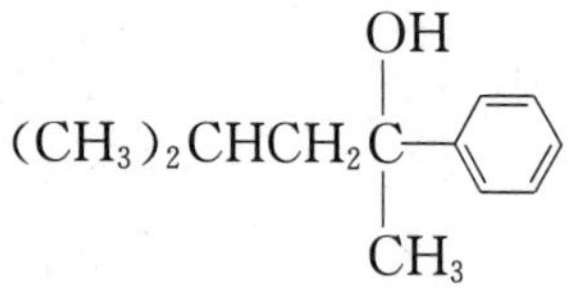 $(CH_3)_2CHCH_2\overset{\displaystyle OH}{\overset{|}{\underset{\displaystyle CH_3}{\underset{|}{C}}}}-C_6H_5$

5. CH_3, Cl

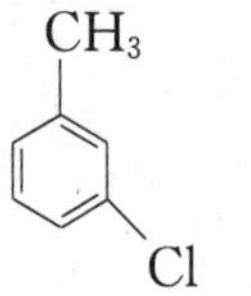

6. 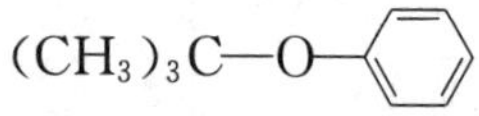 $(CH_3)_3C-O-C_6H_5$

7. 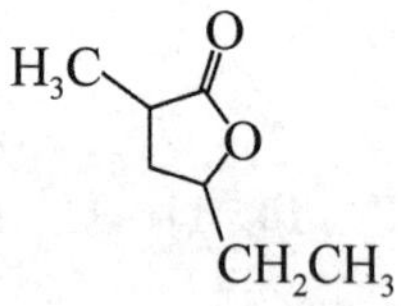 H_3C, O, O, CH_2CH_3

8. 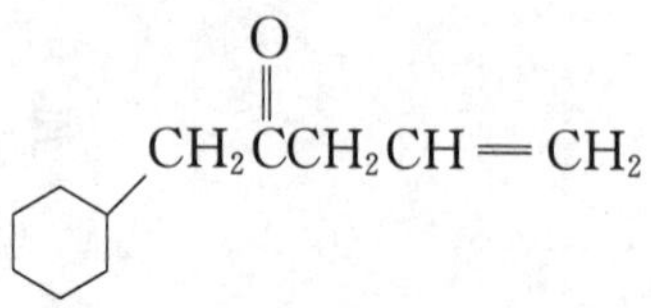 $CH_2\overset{\displaystyle O}{\overset{\|}{C}}CH_2CH=CH_2$

9.  $-NHCH_2CH_3$

10. 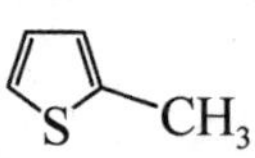 S, CH_3

11. 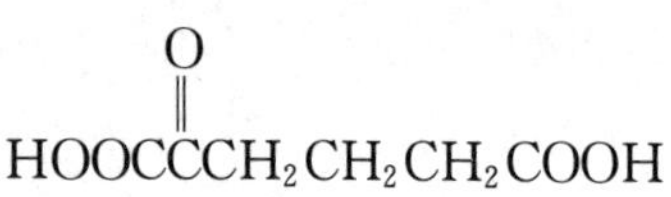 $HOOC\overset{\displaystyle O}{\overset{\|}{C}}CH_2CH_2CH_2COOH$

12. H_3C O O O

13. H_3C CH_2CH_3 C=C H CH_2SH (Z/E)

14. CHO H—OH H—OH (R/S) CH_2OH

15. $CONH_2$ O

二、完成下列反应式(不反应者,在"→"后注明"不反应",每题2分,计30分)

1. —CH_2CH_3+HBr ⟶

2. CH_2CH_3 Cl $\xrightarrow{KOH/CH_3CH_2OH}$

3. I +Cl_2 $\xrightarrow{Fe}$

4. CH_3 $\xrightarrow{KMnO_4}$

5. +Br_2(1 mol) ⟶

6. —CH_2Cl $\xrightarrow{NaOH/H_2O}$ Cl

7. CH_2COOH OH $\xrightarrow{NaHCO_3}$

8. $COCH_3$ CH_3 $\xrightarrow{HCN}$

9. 2$(CH_3)_2CHCHO$ $\xrightarrow{稀 NaOH}$

10.  环戊基$-CHO + 2CH_3CH_2OH \xrightarrow{干燥HCl}$

11. 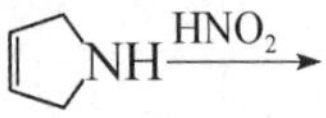 3-吡咯啉 $NH \xrightarrow{HNO_2}$

12. 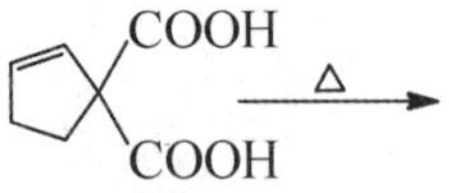 环戊烯-4,4-二甲酸（$COOH$, $COOH$）$\xrightarrow{\triangle}$

13. 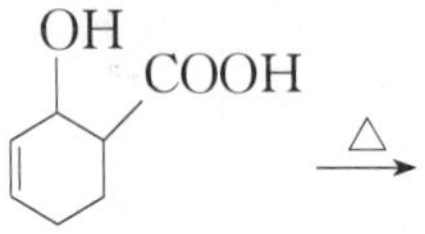 OH, COOH 取代环己烯 $\xrightarrow{\triangle}$

14. 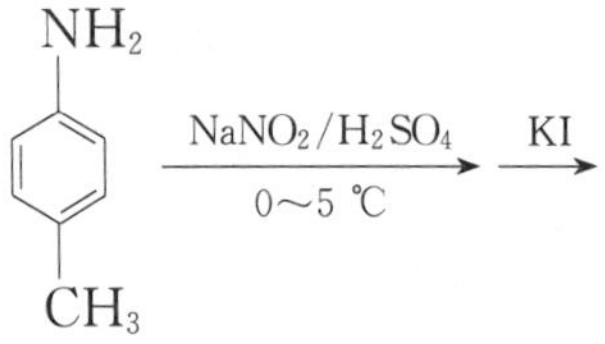 NH_2, CH_3 对位取代苯 $\xrightarrow[0\sim5\ ℃]{NaNO_2/H_2SO_4} \xrightarrow{KI}$

15. 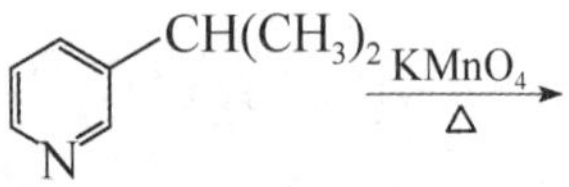 3-$CH(CH_3)_2$ 吡啶（N） $\xrightarrow[\triangle]{KMnO_4}$

三、结构推导（不要求写出推导过程和理由，每个结构 2 分，计 10 分）

1. 某化合物 A 和 B，分子式均为 $C_4H_8O_2$，化合物 A 碱性水解液能发生碘仿反应，化合物 B 碱性水解液既能发生碘仿反应又能发生银镜反应，试推测 A、B 的结构式。

2. 某化合物 A 分子式为 $C_5H_{12}O$，氧化后得 $B(C_5H_{10}O)$，B 能与 2,4-二硝基苯肼反应，在碘的氢氧化钠溶液中共热得到黄色沉淀。A 和浓硫酸共热得 $C(C_5H_{10})$，C 催化加氢生成正戊烷。试推测 A、B、C 可能的结构。

四、单选题（选择一个最佳答案，每题 2 分，计 30 分）

1. 下列化合物中碳原子在同一平面的是： （　　）

A. 环己烷　　B. 环己烯

C. 间二甲苯　　D. 2,3-二甲基-2-戊烯

E. 环丁烷

2. 丙烯与 HBr 在过氧化物催化下的反应属于： （　　）

A. 游离基型取代反应　　B. 游离基型加成反应

C. 亲核加成反应　　D. 亲电加成反应

E. 亲电取代反应

3. 下列糖无还原性的是： （　　）

A. 葡萄糖　B. 麦芽糖　C. 果糖

D. 蔗糖　E. 脱氧核糖

4. 下列化合物中碱性最强的是： （　　）

A. 吡啶　B. 苯胺　C. 乙酰胺

D. 氨　E. 三甲胺

5. D-己醛糖的立体异构体数目为： （　　）

A. 2　B. 6　C. 8

D. 16　E. 32

6. 下列物质与硫酸加成反应活性最强的是： （　　）

A. 乙烯　B. 丙烯　C. 2-甲基丙烯

D. 3-氯丙烯　E. 丙烯醛

7. 下列化合物中酸性最强的是： （　　）

A. 乙醇　B. 苯酚　C. 乙酸

D. 甲酸　E. 草酸

8. 下列氨基酸没有旋光性的是： （　　）

A. 丙氨酸　B. 甘氨酸　C. 亮氨酸

D. 脯氨酸　E. 色氨酸

9. 下列卤代烃按 S_N1 历程反应最快的是： （　　）

A. 氯苯　B. 氯乙烷　C. 叔丁基氯

D. 苄氯　E. 氯乙烯

10. L-(－)甘油醛经温和氧化生成的甘油酸为右旋体，此甘油酸为： （　　）

A. L-(＋)-甘油酸　B. L-(－)-甘油酸

C. (±)-甘油酸　D. D-(－)-甘油酸

E. D-(＋)-甘油酸

11. 卵磷脂的水解产物中，不含有的是： （　　）

A. 胆碱　B. 胆胺　C. 丙三醇

D. 磷酸　E. 高级脂肪酸

12. 下列物质与 $AgNO_3$ 的氨溶液反应的是： （　　）

A. 乙酸　B. 乙醇　C. 乙醚

D. 乙烯　E. 乙炔

13. 下列物质亲核加成活性最强的是： （　　）

A. 乙醛　B. 苯甲醛　C. 甲醛

D. 环己基甲醛　E. 丙酮

14. 下列化合物溴代反应活性最强的是： （　　）

A. 硝基苯　B. 苯酚　C. 甲苯

D. 苯　E. 氯苯

15. 下列物质具有芳香性的是： （　　）

A. 　B. 　C.

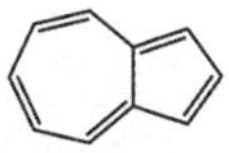

D. 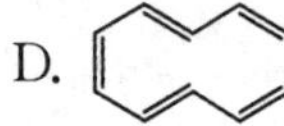　　　　E.

参考答案

一、根据结构式命名或按名称写出结构式(每题 2 分,共 15 题,计 30 分)

1. 2,4-二甲基己烷　　**2.** 3-乙基-1-戊烯-4-炔

3. 1-甲基-5-氯环己烯　　**4.** 4-甲基-2-苯基-2-戊醇

5. 间氯甲苯　　**6.** 苯叔丁醚

7. 2-甲基-4-己内酯　　**8.** 1-环己基-4-戊烯-2-酮

9. N-乙基环戊胺　　**10.** 2-甲基噻吩

11. 2-酮己二酸

12. 4-甲基-2-戊烯二酸酐

13. E-2-乙基-2-丁烯-1-硫醇

14. (2R,3R)-2,3,4-三羟基丁醛

15. 3-呋喃甲酰胺

二、完成下列反应式(不反应者,在"→"后注明"不反应",每题 2 分,计 30 分)

1. 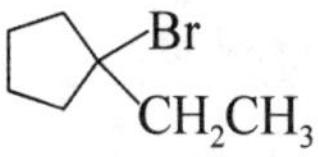 Br, CH_2CH_3　　**2.** 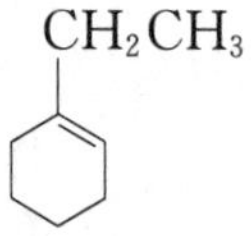 CH_2CH_3

3. 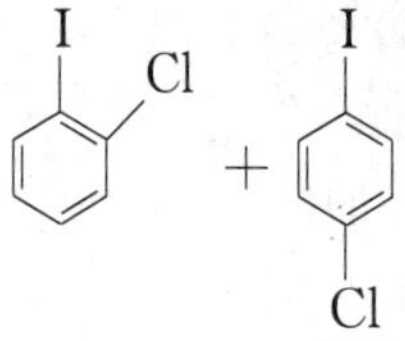 I, Cl + I, Cl　　**4.** 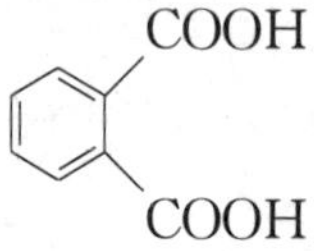 COOH, COOH

5. 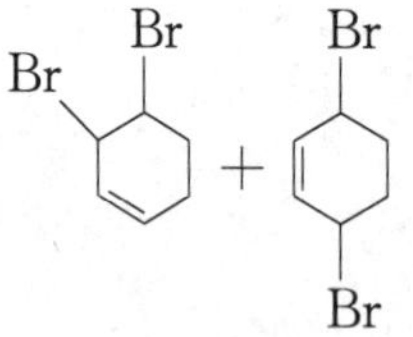 Br, Br + Br, Br　　**6.** 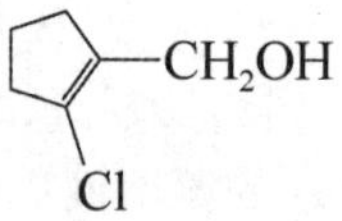 CH_2OH, Cl

7. 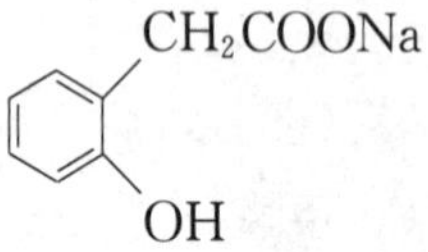 CH_2COONa, OH　　**8.** 不反应

9. 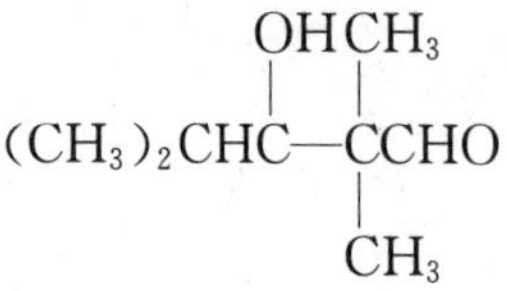 $(CH_3)_2CH\overset{OH}{\overset{|}{C}H}-\overset{CH_3}{\underset{CH_3}{C}}CHO$　　**10.** 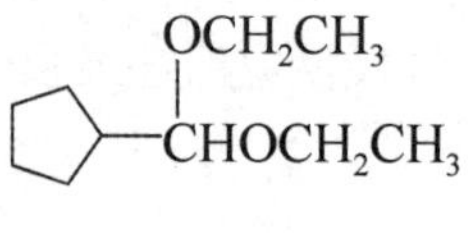 OCH_2CH_3, $CHOCH_2CH_3$

11. 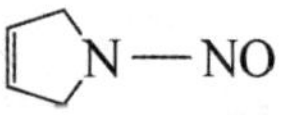 N—NO　　**12.** 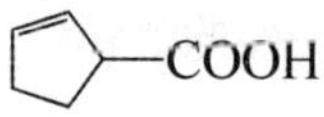 COOH

13. 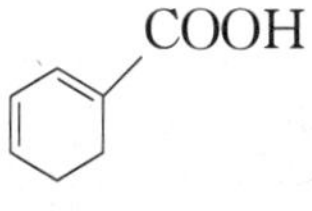 COOH

14. 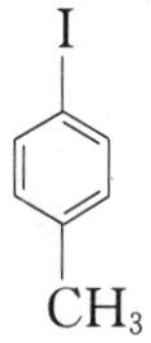 I CH$_3$

15. 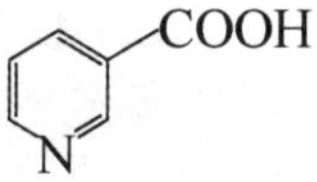 COOH N

三、结构推导(不要求写出推导过程和理由,每个结构 2 分,计 10 分)

1. A:$CH_3COOCH_2CH_3$

B:$HCOOCH(CH_3)_2$

2. A:$CH_3CH(OH)CH_2CH_2CH_3$

B:$CH_3COCH_2CH_2CH_3$

C:$CH_3CH{=}CHCH_2CH_3$

四、单选题(选择一个最佳答案,每题 2 分,计 30 分)

1. C **2.** B **3.** D **4.** E **5.** C **6.** C **7.** E **8.** B **9.** D **10.** A **11.** B **12.** E **13.** C **14.** B **15.** C

(何广武)

附录　常见官能团的优先次序

序 号	官能团结构	官能团名称	母体名称
1	—COOH	羧基	羧酸
2	$—SO_3H$	磺酸基	磺酸
3	—C(=O)OC(=O)R	酰氧羰基	酸酐
4	—C(=O)OR	酯基	酯
5	—C(=O)X	卤代甲酰基	酰卤
6	$—C(=O)NH_2$	氨甲酰基	酰胺
7	—CN	氰基	腈
8	—CHO	醛基	醛
9	—C═O	羰基	酮
10	—OH	羟基	醇或酚
11	$—NH_2$	氨基	胺
12	—OR	烃氧基	醚
13	>C═C<	烯基	烯
14	—C≡C—	炔基	炔

注:1. 在多官能团有机化合物的系统命名中,序号在前面的官能团作为母体的主官能团,其余作取代基;

2. —X(卤素)和$—NO_2$(硝基)一般只作为取代基。

(朱　荔)